南水北调中线工程河南省丹江口库区移民安置的理论与实践

陈战武　曹海涛　著

黄河水利出版社
·郑州·

图书在版编目(CIP)数据

南水北调中线工程河南省丹江口库区移民安置的理论与实践/陈战武,曹海涛著. —郑州:黄河水利出版社,2019.9

ISBN 978-7-5509-2508-3

Ⅰ.①南… Ⅱ.①陈…②曹… Ⅲ.①南水北调-水利工程-移民安置-研究-丹江口 Ⅳ.①D632.4

中国版本图书馆CIP数据核字(2019)第206948号

组稿编辑:李洪良　电话:0371-66026352　E-mail:hongliang0013@163.com

出 版 社:黄河水利出版社　网址:www.yrcp.com

地址:河南省郑州市顺河路黄委会综合楼14层　邮政编码:450003

发行单位:黄河水利出版社

发行部电话:0371-66026940、66020550、66028024、66022620(传真)

E-mail:hhslcbs@126.com

承印单位:虎彩印艺股份有限公司

开本:787 mm×1 092 mm　1/16

印张:9.75

字数:225千字　印数:1—1 000

版次:2019年9月第1版　印次:2019年9月第1次印刷

定价:60.00元

前　言

“南方水多，北方水少，如有可能，借点水来也是可以的。”1952 年，一代伟人毛泽东高瞻远瞩的设想，拉开了南水北调这一人类史上最宏大的调水工程的序幕。之后，经历了半个世纪反复严谨的研究论证，21 世纪初，在全国亿万人民的关注下南水北调中线工程正式启动。

高峡平湖，碧水荡漾，群山环绕，烟波浩渺，这就是南水北调中线工程的水源地——位于河南、湖北两省交界处的丹江口水库。按照规划，丹江口水库将从原高程 162 米加高到 176.6 米，水域面积由 745 平方千米增加到 1 050 平方千米，一场涉及 34.5 万移民的浩大工程摆在了党和国家面前。

河南省既是南水北调中线干渠渠首、水源地，又是中线干渠最长、移民征迁任务最重的省份，需要搬迁丹江口库区淅川县移民 16.2 万人，安置区涉及全省 6 个省辖市 25 个县（市、区），需新建移民安置点 208 个。按照原计划，库区移民安置从 2008 年底开始，到 2013 年底结束。为了积极响应党中央、国务院拉动内需、促进经济增长的号召，也为了满足移民能够更早、更快地走上稳定发展道路的迫切愿望，河南省委、省政府审时度势，提出了丹江口库区移民安置“四年任务、两年完成”的目标，即在 2009 年 8 月底完成试点移民 1.1 万人搬迁的基础上，到 2011 年 8 月底前全部完成移民搬迁安置任务。其强度和难度在共和国水利移民史上绝无仅有。

库区移民搬迁工作，一头连着“国字号工程”，一头连着千家万户移民群众的切身利益，是公认的“天下第一难”。再加上当前我国正处于经济社会发展转型期，既是改革的攻坚期，也是矛盾的凸显期，移民工作面临的情况更复杂、任务更艰巨、形势更严峻。在新的条件下，如何以科学的发展观为指导，加快转变领导方式，切实处理好国家、地方和群众的利益关系，在极短的时间内实现平安移民、和谐移民，让移民享受到发展的成果，是对移民的规划设计和安置实施的严峻考验。

为了破解这个难题，河南省委、省政府把丹江口库区移民工作摆在重要位置，成立了高规格的移民安置指挥部及指挥部办公室，下设综合组（内设综合组、规划组、安置组）、建设组、督察组、协调组等，全方位加强领导，动员全社会倾力支持。从 2009 年 10 月 20 日，丹江口库区第一批移民工作启动，到 2011 年 8 月 31 日，全省丹江口库区移民搬迁工作顺利结束，圆满实现了“平安、亲情、和谐搬迁”和“不伤、不亡、不漏一人”的目标，已搬迁移民生活和谐，生产发展，逐步融入当地社会。

作者作为规划组组长，全过程参与了移民安置规划的设计、建设、搬迁等管理工作，见证了长江勘测规划设计研究院有限责任公司（简称长江设计公司）、黄河勘测规划设计研究院有限公司（简称黄河设计公司）等设计单位及河南省各级党委、政府及移民机构的广大干部在工作中的辛苦付出，也为广大移民群众舍小家、为国家的奉献精神所感动。为全面回顾总结丹江口库区移民工作中的经验教训，进一步思考探索新时期下做好水库移民工作的科学道路，作者结合工作实践，从规划设计、组织管理、建设管理、搬迁组织、经验教训等多个方面对丹江口移民的管理工作进行了总结，形成本书。

本书在编写过程中，得到了河南省南水北调丹江口库区移民安置指挥部办公室（简称省移民安置指挥部办公室）朱明献、冯晓玲、武良玉、韩俊奎、焦中国、马文博、刘红生等同事的大力支持和帮助，在此一并表示衷心的感谢！

由于作者水平有限，书中疏漏和不足之处在所难免，恳请读者批评指正。

作　者

2019 年 6 月

目　录

第一章　南水北调工程和丹江口库区移民

水，是人类生命的起源之地，是人类文明延续的血液，为中华民族提供了发育的摇篮。同时，她的多面性也给炎黄儿女带来了无数的灾难，从传说中的大禹治水，到古代的都江堰、京杭大运河，再到现代的三峡工程，治水兴邦，一直是无数仁人志士奋斗的目标。南水北调，正是新中国在水利史上续写的宏伟篇章。

第一节　南水北调工程

南水北调工程是中共中央、国务院做出的重大战略决策，是为改变我国水资源分布不均局面，推动经济结构战略性调整，增强综合国力实施的世纪工程，更是一项民心工程、利民工程。丹江口库区移民工作是南水北调中线工程成败与否的关键，在新的时代背景下，如何贯彻落实科学发展观，突出以人为本，科学、高效、有序地安置移民，使广大移民由历史上水利工程的牺牲者变为受益者，是中共中央、国务院和社会各界时刻关注的焦点，是检验各级党委、政府执政能力的试金石，也是对于组织和参与这项工作的决策者和广大移民干部的极大挑战。

一、南水北调工程的决策过程

我国水资源开发利用历史悠久。从上古时代起，我国劳动人民就致力于水旱灾害的防御，几千年来，建设了大运河、都江堰、灵渠等一批著名的水资源工程，在抵御水旱灾害、加快经济社会发展方面发挥了巨大的作用。

1949 年中华人民共和国成立，结束了近代中华民族饱受欺凌的历史，中华民族从此崛起于世界民族之林。作为一个百废待兴的国家，发展成了第一要务。水不仅是生活生产中不可缺少的重要资源，更是经济发展的基础，而我国是一个缺水严重的国家，人均水资源量仅为世界平均水平的 28%。水资源在时间、空间分布不均，更加剧了水资源短缺。中华人民共和国的领导者，把如何治好水、用好水，当成了压在心头的重要问题。

1952 年 10 月 30 日，一代伟人毛泽东视察黄河，研究黄河治理工作，在听取黄河水利委员会主任王化云关于引江济黄设想的汇报后，坐在位于河南省郑州市的邙岭小顶山山头上，面对气势磅礴的滔滔黄河，他沉思良久，提出了一个高瞻远瞩的伟大构想：南方水多，北方水少，如有可能，借点水来也是可以的。话语简短，声调低沉，但这简单的一句话却为南水北调这一宏伟蓝图画上了浓墨重彩的第一笔。

1953 年 2 月 19 日，毛泽东从武汉至南京视察长江。在长江舰上，听取长江流域规划办公室主任林一山汇报长江治理工作时，毛泽东再次提出：南方水多，北方水少，能不能从南方借点水给北方？还用铅笔指向地图上腊子口、白龙江、西汉水，最后指向汉江和丹江口，每一处都问到引水的可能性。林一山一一做了回答。毛泽东指示要对汉江引水方案做进一步的研究，要组织人员查勘，一有资料就立即给他写信。22日，林一山又向毛泽东汇报了长江防洪的初步设想。临别时，毛泽东对林一山说：三峡问题暂时还不考虑开工，但南水北调工作要抓紧。

在毛泽东同志的亲自关怀和多次指示下，1958年8月29日，中共中央发布《关于水利工作的指示》，指出：全国范围的较长远的水利规划，首先是以南水（主要是长江水系）北调为主要目的，即将江、淮、河、汉、海各流域联为统一的水利系统的规划，和将松、辽各流域联系统一的水利系统的规划，应加速制定。从此，南水北调正式纳入了国家总体规划。

1958年2月，周恩来总理在视察三峡途中，提出将丹江口工程列入第二个五年计划。同年9月1日，丹江口水利枢纽工程在湖北省举行了开工仪式，标志着毛泽东同志提出的“丹江口引汉济黄，引黄济卫，同北京连接起来”的南水北调具体设想付诸实施。

正当南水北调工程引弓待发之时，三年自然灾害和紧随而来的“文化大革命”使工程被迫放慢了脚步。直至1974年，丹江口水利枢纽大坝162米高程的第一期工程方才竣工。

十一届三中全会的召开，为中国带来了改革开放的春天。随着经济的飞速发展，我国水资源供需矛盾日益突出，北方和沿海地区出现了不同程度的水资源短缺和水质污染状况，18个省（区）、30%的国土面积和60%的人口处于严重缺水的边缘，水资源面临着前所未有的严峻形势。

1980年7月22日，时任中共中央副主席的邓小平同志视察了丹江口水利枢纽工程，详细询问了丹江口水利枢纽初期工程建成后防洪、发电、灌溉效益与大坝二期加高情况。随后，10月3日至11月3日，我国水利部、高等院校、科研部门的专家、教授、工程技术人员以及联合国大学比斯瓦斯博士等8位专家和联合国的一位官员共60多人，对南水北调中线和东线进行考察，并在北京举行了学术讨论会。经过考察和讨论，专家们认为南水北调中线和东线工程技术上可行。

经济与社会的发展，为南水北调工程的实施开通了快车道，然而这毕竟是一项世界上前所未有的调水工程，如何建好南水北调工程，使之福泽子孙千秋万代，从决策者到设计者无不慎之又慎，研究再研究，论证又论证。

这是一串南水北调工程史上不可磨灭的脚印：

1983年3月28日，国务院以（83）国办函字29号文，将《关于抓紧进行南水北调东线第一期工程有关工作的通知》发给国家计委、国家经委、水电部、交通部，江苏、安徽、山东、河北省人民政府，天津、北京、上海等市人民政府。

1988年6月9日，国务院总理李鹏在国家计委报告上批示：同意国家计委的报告，南水北调必须以解决京津华北用水为主要目标，按照“谁受益、谁投资”的原则，由中央和地方共同负担。

1996年3月，南水北调工程审查委员会成立，国务院副总理邹家华任审查委员会主任，国务院副总理姜春云、国务委员陈俊生、全国政协副主席钱正英任审查委员会副主任。委员由中央和国务院有关部委，科研设计、咨询单位、大学，南水北调工程规划责任单位淮河、长江、黄河水利委员会，以及北京、天津、河北、河南、湖北、陕西、山东和江苏8省（市）

主管副省(市)长、计委和水利厅局负责同志组成,共86人,另聘专家40余人参加专题审查工作。

1999年6月,江泽民总书记在黄河治理开发工作座谈会上的讲话中指出:为从根本上缓解我国北方地区严重缺水的局面,兴建南水北调工程是必要的,要在科学选比、周密计划的基础上抓紧制订合理的切实可行的方案。

2000年10月,党的十五届五中全会通过的《中共中央关于制定国民经济和社会发展第十个五年计划的建议》中指出:加紧南水北调工程的前期工作,尽早开工建设。

同年10月16日,《人民日报》发表评论员文章《抓紧实施南水北调工程》。

2002年11月,党的十六大报告中指出:抓紧解决部分地区水资源短缺问题,兴建南水北调工程。

同年12月23日,国务院正式批复《南水北调工程总体规划》。

2002年12月27日,这是一个值得纪念的日子,南水北调工程开工典礼在北京人民大会堂和江苏省、山东省施工现场同时举行,这标志着南水北调工程进入实施阶段。中共中央总书记、国家主席江泽民为工程开工发来贺信,在贺信中说:兴建南水北调工程,对缓解我国北方水资源严重短缺的局面,推动经济结构战略性调整,改善生态环境,提高人民群众的生活水平,增强综合国力,具有十分重大的意义。国务院总理朱镕基在人民大会堂主会场宣布工程正式开工,中共中央政治局常委、国务院副总理温家宝在会上发表了热情洋溢的讲话。伴随着领导人高昂的开工命令和现场施工机械的轰鸣声,南水北调工程的号角响彻了华夏大地!

至此,南水北调,这一凝聚了四代党和国家领导人集体智慧,历经了五十年无数科技工作者辛勤论证的伟大构想终于在中华大地上落地开花。

举世瞩目的南水北调工程开工后,在中央领导的亲自关怀和指示下,各级党委、政府和有关部门全力以赴,发挥社会主义集中力量办大事的优越性,加强领导,科学规划,重点突破,全面推动南水北调工程的顺利进展。

2003年7月31日,国务院决定成立国务院南水北调工程建设委员会。建设委员会由国务院有关领导同志、中央有关部门和有关省(市)主要负责同志组成,国务院总理温家宝任建设委员会主任,国务院副总理曾培炎、回良玉任副主任。

2003年8月14日,国务院南水北调工程建设委员会第一次全体会议在京召开。中共中央政治局常委、国务院总理温家宝主持会议并发表重要讲话。会议听取了国务院南水北调工程建设委员会办公室主任张基尧代表建设委员会办公室向会议做的关于南水北调工作情况的汇报,审议并原则通过提请建设委员会第一次全体会议审议的建设委员会工作规则、2003年拟开工项目及中央投资、东线治污规划实施意见、加强前期工作有关问题。

全国南水北调各条战线上的建设者们终于迎来了一场波澜壮阔的大会战。

2003年12月30日,南水北调中线京石段应急供水工程的永定河倒虹吸、滹沱河倒虹吸工程开工建设。

2004年10月24日,南水北调东线江苏骆马湖至南四湖段工程开工建设。

2005年9月26日 南水北调中线水源地——丹江口水利枢纽加高工程开工建设。

2005年9月27日,南水北调中线穿黄工程开工建设。

2008年9月28日,南水北调中线京石段应急供水工程建成通水仪式在北拒马河暗渠工程现场举行。河北省岗南、黄壁庄两水库的水,经南水北调中线京石段工程抵达北京。

2008年10月21日,国务院第32次常务会议审议批准《南水北调中、东线一期工程可行性研究总报告》。10月31日,国务院南水北调工程建设委员会第3次全体会议召开,具体贯彻了国务院第32次常务会议精神,确定了中线一期工程2013年主体工程完工、2014年汛后通水的目标。

二、南水北调工程的基本情况及其重大意义

经过20世纪50年代以来反复严密的勘测、规划和研究,在分析比较50多种规划方案的基础上,分别在长江下游、中游、上游规划了三个调水区,形成了南水北调工程东线、中线、西线三条调水线路。通过三条调水线路,与长江、淮河、黄河、海河相互连接,构成我国中部地区水资源"四横三纵、南北调配、东西互济"的总体格局,使得丰水的长江流域与缺水的黄淮海流域实现联通互补,将全国三分之一的水资源纳入了联合配置范畴。

(一)东线工程

利用江苏省已有的江水北调工程,逐步扩大调水规模并延长输水线路。东线工程从长江下游扬州江都抽引长江水,利用京杭大运河及与其平行的河道逐级提水北送,并连接起调蓄作用的洪泽湖、骆马湖、南四湖、东平湖。出东平湖后分两路输水:一路向北,在位山附近经隧洞穿过黄河,输水到天津;另一路向东,通过胶东地区输水干线经济南输水到烟台、威海。一期工程调水主干线全长1 466.50千米,其中长江至东平湖1 045.36千米,黄河以北173.49千米,胶东输水干线239.78千米,穿黄河段7.87千米。规划分三期实施。东线的目的主要是解决黄淮海平原和东部地区、山东半岛地区,也就是华北的沿京珠线这一带水资源严重短缺的问题。

(二)中线工程

从加坝扩容后的丹江口水库陶岔渠首闸引水,沿线开挖渠道,经唐白河流域西部过长江流域与淮河流域的分水岭方城垭口,沿黄淮海平原西部边缘,在郑州以西李村附近穿过黄河,沿京广铁路西侧北上,可基本自流到北京、天津。输水干线全长1 431.945千米(其中,总干渠长1 276.414千米,天津输水干线长155.531千米)。规划分两期实施。中线在河北分岔,一条到达北京的团城湖,一条到达天津市的外环河。中线主要是解决河南的部分地区、华北地区,特别是京津地区严重的水资源短缺问题。多年平均年调水量为95亿立方米。各省(市)分配水量为:河南省37.7亿立方米(含刁河灌区现状用水量6亿立方米),河北省34.7亿立方米,北京市12.4亿立方米,天津市10.2亿立方米。

(三)西线工程

按照规划,在长江上游通天河、支流雅砻江和大渡河上游筑坝建库,开凿穿过长江与黄河分水岭巴颜喀拉山的输水隧洞,调长江水入黄河上游。西线工程的供水目标,主要是解决涉及青海、甘肃、宁夏、内蒙古、陕西、山西等6省(自治区)黄河上中游地区和渭河关中平原的缺水问题。结合兴建黄河干流上的大柳树水利枢纽等工程,还可以向临近黄河

流域的甘肃河西走廊地区供水,必要时也可相机向黄河下游补水。规划分三期实施,目前尚未开工。

南水北调工程的三条调水线路既有各自主要的供水目标和合理的供水范围,又是一个有机整体,互为补充,不可替代。本着“三先三后”、适度从紧、需要与可能相结合的原则,规划的东线、中线、西线到2050年调水总规模为448亿立方米,其中东线148亿立方米、中线130亿立方米、西线170亿立方米。整个工程将根据实际情况分期实施,东线工程2013年初通水,中线工程2013年底基本具备通水条件,2014年汛后正式通水。

总的来讲,南水北调工程是社会主义市场经济条件下,在我国经济社会高速发展期、改革攻坚期、矛盾凸显期,采取“政府宏观调控、准市场机制运作、现代企业管理、用水户参与”方式运作,兼有公益性和经营性、实现“南北双赢”的超大型战略性线性基础设施,是中共中央、国务院落实科学发展观的重要举措,是事关国家长治久安和中华民族伟大复兴的千秋伟业。工程的实施将构筑我国“四横三纵”的“中华水网”,通过“南北调配、东西互济”,实现全国范围内的水资源优化配置。南水北调工程除具有重要的生态环境意义外,它将全面缓解北方地区水资源严重短缺的局面,对促进经济、社会和生态的协调发展具有重要意义。具体表现为:

实施南水北调工程能通过改善水资源条件,促进潜在生产能力形成现实的经济增长。华北地区是我国比较发达的地区,“京津塘首都经济圈”是我国东部地区三大经济增长重心之一,经济发展极具优势。区内蕴藏有丰富的煤炭、石油、天然气等能源资源和铁矿、有色金属、石膏等矿产资源。同时,该地区是全国铁路、公路密度最大的地区之一,综合运输能力强,具有良好的区位条件和交通优势,是重要的能源原材料工业基地。但由于水资源的短缺,目前当地丰富的自然资源组合优势未能充分发挥出来。实施南水北调工程,增加华北地区水资源供给,有利于华北地区潜在优势的发挥。

实施西线调水工程将为西部大开发的战略规划和生产力布局创造先行条件,有利于改善西部地区的投资环境和工农业生产条件,推动这一地区的经济增长。

南水北调工程可基本缓解受水区水资源供需紧张局面,逐步消除影响北方经济发展的“瓶颈”,对沿线地区经济可持续发展起到巨大推动作用。可使北京、天津、石家庄、济南等北方44座大中城市摆脱缺水的制约,为经济结构调整创造机会和空间。到2010年,预计可将原来挤占的农业用水15亿立方米和城市污水经达标处理后的16亿立方米水用于补偿农业。

实施南水北调工程,有利于拉动内需和扩大就业。国务院发展研究中心的最新研究成果表明,南水北调工程建设将直接拉动沿线经济增长,增加就业机会。按照10年建设期进行初步估算,南水北调工程近期投资将平均拉动我国国内生产总值增幅每年提高0.12个百分点,而且对经济增长的影响将通过乘数效应进一步扩大。经验表明,投资中有40%可转化为消费。按2000年底的价格水平估算,东线和中线一期工程实施后,多年平均直接效益约为560亿元/年。按照每5~10万元投资创造一个就业机会估算,在东线、中线一期工程建设期间,每年可增加约18万个就业机会。在工程建成后的运行期,随着广大受水区水资源条件的改善,企业生产结构和规模也会随之变化,一些新兴产业将得到迅速发展,扩大就业的机会将进一步增多。

第二节 丹江口库区移民

每一项水利设施建设,都是对现有自然和社会环境的改造,为整个社会带来巨大利益的同时,也势必会暂时牺牲一部分群体的利益,移民,就是这个可敬可佩的群体的主角。

随着南水北调中线工程的动工,最为关键的渠首——丹江口水库将再一次加高,从原高程162米加高到176.6米,水库水域面积将扩展370平方千米,这就意味着在这片土地上生活的32万群众,将要离开这片世世代代繁衍生息的故土,远赴他乡,重建家园。

一、丹江口水库初期工程移民情况

丹江口水利枢纽位于湖北省丹江口市境内汉江干流与其支流丹江汇合口下游800米处,是1958年至1973年我国建设的亚洲第一大水库,也是南水北调中线工程的水源工程。初期工程动工于1958年,竣工于1973年。坝高162米,正常蓄水位157米,移民高程为159米,水域总面积745平方千米,总库容174.5亿立方米,动迁移民38.2万人。

丹江口水库初期工程主要淹没涉及豫、鄂两省四县(市),其中河南省南阳市淅川县的淹没损失最为惨重,共计淹没该县7个区(镇),累积迁移20.2万人,淹没总面积365.5平方千米,占水库总面积的43%。淹没耕地28.51万亩,占当时全县总耕地面积的55%。淹没林地1.48万亩,荒坡9.31万亩,其他占地5.05万亩。

移民搬迁工作从1959年开始,到1978年结束,历时20年,安置在青海省2.2万人,湖北省6.9万人,河南省淅川县9.6万人、邓州市1.5万人。根据工程施工进度,移民分为六期搬迁安置:

1959年1月,南阳地区召开支边会议,为了安置库区移民,地区分配给淅川县8 000人任务,最后确定8 008人以支边名义迁往青海。1960年3月,又将该批支边青年的家属4 709户14 334人也迁至青海,先后共迁移民22 342人。分别迁往青海省的循化撒拉县、贵南县、都兰县。

1961年,124米以下居民动迁,经设计部门会同淅川县调查,该批移民共计26 725人,其中4 310人迁往河南省邓州市(原邓县),其余22 415人均在淅川县内安置。

1966~1968年,动迁147米高程以下移民71 455人,其中迁往湖北省荆门、钟祥两县68 867人,淅川县县内安置2 578人。

1970年,动迁147~152米高程的移民32 188人,其中10 679人迁往邓州市,21 509人在淅川县内后靠安置。

1972年,动迁150~157米高程的移民24 000人,全部在淅川县内后靠安置。

1976年,动迁157~159米高程的移民25 870人,全部在淅川县内后靠安置。

由于部分出省移民返迁回流及人口自然增长,目前河南省实有初期工程移民20.5万人,其中淅川县18.7万人,邓州市1.8万人。

二、初期工程移民的特点

丹江口水库初期移民工作处于“大跃进”和“文化大革命”两个特殊历史时期,在那个国力匮乏、思想激进的年代，人的物质需求被降到了最低限度。工程实施中“重工程建设，轻移民安置”，实行以水赶人、先迁后安的移民政策，不顾环境条件盲目后靠安置，造成了大量的移民遗留问题。

初期工程移民具有以下特点：

一是淹没损失巨大。初期工程淹没淅川县耕地28.5万亩，占全库区的66.5%，超过淅川县总耕地的一半，最富饶的沿江丹阳川、顺阳川、板桥川淹没殆尽。

二是补偿标准很低。淅川县初期工程移民补偿费仅7 070万元，当时人均只有560元，补偿与淹没损失形成巨大的反差。1984年以来，国家投入扶持资金1.8亿元，专门用于处理丹江口水库移民遗留问题。

三是环境容量严重超载。由于当时缺少移民经验，未考虑环境容量，盲目后靠，致使环境容量严重超载。淅川县库区12个乡(镇)人口密度高达每平方千米700人，与平原区基本相当。人均耕地只有0.87亩，远低于南阳市人均1.46亩的水平，其中人均耕地不足0.5亩的就有4万余人。

四是移民生活非常贫困。初期移民人均耕地少，住房条件差，群众生活非常困难。库周有5.1万人不同程度地依赖消落地维持生活，有6.7万人仍处于贫困线以下。

由于丹江口水库建库时间长，移民搬迁安置情况复杂，移民原生产生活体系全部遭到破坏。移民大都安置在偏远地区和库区周边，占有生产资源、生活资料严重缺乏，导致移民元气大伤，经济发展落后，生活水平急剧下降，虽经政府多年扶持，但是仍有大部分移民区基础设施滞后，经济发展缓慢，移民与当地居民的收入差距不断加大。

三、南水北调丹江口库区移民特点

为保障中线工程供水，需要在丹江口水利枢纽初期工程基础上进行加高续建。大坝加高工程已于2005年9月开工建设，计划2010年10月完工。加高工程完建后，枢纽的任务是以防洪、供水为主，结合发电、航运等综合利用。坝顶高程从初期的162米加高到176.6米，设计蓄水位由157米提高到170米，总库容由174.5亿立方米增加到290.5亿立方米，新增淹没面积370平方千米。水库面积由745平方千米增加到1 050平方千米。水库淹没影响涉及河南、湖北两省6个县(市)的40个乡(镇)441个村。淹没影响土地面积46.16万亩，淹没影响区各类人口22.43万人，淹没影响各类房屋面积623.98万平方米。规划搬迁农村移民317 235人。其中，河南省丹江口库区农村移民共需搬迁安置16.2万人。

与中华人民共和国以来的历次大规模移民相比，南水北调丹江口库区移民具有鲜明的特点：

第一，工作难度大。此次移民迁安工作处在我国经济高速发展期、改革攻坚期和矛盾凸显期，生产关系复杂，利益主体众多。在社会经济变革、利益格局不断调整、群众法律观念和维权意识不断增强的新形势下，深层次的、历史的矛盾和问题不断暴露，加上群体承受能力减弱，协调难度不断增加，移民群众诉求不断提高，社会稳定的要求不断提高，思想工作的深度不断提高，稍有不慎，极易引发群体性事件，影响社会大局稳定。

第二，移民搬迁强度空前。丹江口库区移民是继长江三峡移民之后最大的一次国家行动。三峡工程实际搬迁农村移民45万人,历时16年(1993～2008年),平均每年2.8万人;河南省黄河小浪底水库总共搬迁农村移民14.8万人,历时11年(1991～2002年),每年约1.35万人。而河南省丹江口库区移民16.2万人,除试点移民外,还有15.1万人,要在2011年8月底前2年的时间内完成搬迁安置,移民迁安的时间、难度和强度前所未有。

第三,补偿标准比其他项目偏低。丹江口库区绝大多数移民经过多次搬迁,尽管国家的移民补偿标准有了较大的提高,但库区移民补偿标准与高速公路、高速铁路等项目补偿标准相比,还明显偏低,移民群众的期望和国家政策之间存在一定的落差,移民群众的有关愿望难以满足,加上迁安工作确实给移民和当地群众的生产生活带来了各种各样的影响,实际工作中容易发生矛盾冲突。

第四,社会关注度高。作为造福当代、惠及子孙的千秋伟业,南水北调工程举世瞩目,丹江口库区众多的移民搬迁已成为社会关注的热点和焦点,一旦出现问题,不但影响河南形象,也极有可能损害国家的形象。做好移民工作,确保工程顺利建设,对于各级各部门干部职工队伍政治、业务、作风等整体素质的提高都是一个重大考验。

已经为国家做出了巨大牺牲和奉献的丹江口水库周边群众又将再一次搬迁,这次搬迁的前途如何,牵动了无数移民群众和他们亲朋好友的心,尽管前途还不明朗,但他们相信,在综合国力日益增强、人民生活日益幸福的今天,党和政府一定会给他们一个崭新的充满希望的未来!

第二章　丹江口库区移民安置规划

移民安置规划是丹江口大坝加高工程建设的重要组成部分,也是妥善安置移民的基础。丹江口水库移民安置规划编制工作从2002年至2010年5月,历时8年,经历了初设规划、试点、原初设修订3个阶段后,最终国务院南水北调工程建设委员会办公室于2010年5月7日以"国调办征地〔2010〕74号"文对《南水北调中线一期工程丹江口水库初步设计阶段建设征地移民安置规划设计报告》进行了批复。

第一节　丹江口库区经济与社会发展情况

丹江口水库淹没涉及河南省的仅淅川县。淅川县位于豫、鄂、陕三省结合部,是南水北调中线工程水源地和渠首所在地、全国移民迁安大县,淅川因淅水(今鹳河)纵贯境内形成百里冲积平川而得名。淅川历史悠久,春秋时为楚始都丹阳所在地、楚文化的发祥地。境内已出土文物3万多件,其中王子午鼎、铜神兽等国家一级文物54件。曾孕育了商圣范蠡,南北朝史学家、《后汉书》作者范晔,唯物主义思想家、《天神论》作者范缜等一批有重要影响的历史人物。全县总面积2 820平方千米,辖17个乡(镇、街道)499个村(社区)。2010年末全县总人口67万人。

淅川资源丰富,全县共有大小河流467条,地表水年均径流量5.6亿立方米,地下水储量0.61亿立方米,入过境水22.3亿立方米。县内已发现矿藏42种,虎睛石、松香黄大理石、钒土等储量在全国占有重要位置。淅川是文化旅游资源大县,"小太平洋"丹江湖、中线工程渠首陶岔、千年古刹香严寺、"中原九寨沟"坐禅谷、范蠡公园、丹江大观苑、中国历史文化名镇荆紫关清代五里长街等各具特色,被省政府确定为全省八条旅游热线之一。屈原、王维、白居易、杜牧、李商隐、元好问等曾在此留下了歌吟履痕。

近年来,淅川县域经济持续发展,综合实力不断加强。农业上,形成了6万亩柑橘、7万亩湖桑、10万亩辣椒、20万亩花椒的产业格局,是全国最大的小辣椒产销基地、河南省最大的桑蚕基地,"香花"牌辣椒、"丹水"牌鱼分别被评为"中国名牌"、"河南名牌"农产品。工业上,形成了以冶炼、机械、医药化工、电力为主的工业群体,规模以上企业达84家,铝业集团去年实现产值40亿元,2012年将突破百亿元,减振器厂成为全国轿车减振器生产重点企业,福森药业公司被评为全省50家高成长型企业之一,工业对财政的贡献达到78%以上。旅游上,重点建设了丹江、渠首、坐禅谷、香严寺、范蠡公园、丹江大观苑、荆紫关古镇等景区景点,拥有3A和2A级景区各2家、三星级宾馆2家,丹江—坐禅谷—香严寺—丹江大观苑成为精品旅游线路。基础设施建设上,县城建成区由"十五"末的9.8平方千米扩展到34平方千米,城区人口由8万人增至18万人,全县油路里程由"十五"末的480千米扩大到2 200多千米,全县移动通信覆盖率达到95%以上,实现了乡乡通宽带、村村通水泥路。民生改善上,从群众最关心、最迫切的具体问题入手,累计修建水窖2万多个、沼气池3万多座，解决了5万多群众的脱贫问题，基本消除了库区以外的中小学危房。农村五保老人集中供养条件达到60%。新农合参合率达98%，城镇居民医保参保率达到一半以上，两年内将实现医保全覆盖。先后荣获"全国文化先进县""全国科技先进县""全国社会治安综合治理先进集体""中国50家投资环境诚信安全区""全国农田水利基本建设先进单位""万村千乡市场工程全国先进县和示范县"等荣誉。2009年完成生产总值125.8亿元，增长12.5%；地方财政一般预算收入7.35亿元，增长143.7%；固定资产投资124亿元，增长27.5%。

第二节　农村移民安置规划

丹江口水库淹没对象主要在农村，农村移民安置是丹江口水库移民工作成败的关键，农村移民安置规划是丹江口水库移民安置规划的重点和难点。结合我国水库移民的经验教训，根据丹江口库区的实际情况，提出如下规划指导思想、原则和安置标准。

一、规划指导思想

(1)以人为本，实行开发性移民方针，努力实现移民搬得出、能解困、稳得住、搬迁后生活水平不低于搬迁前生活水平、逐步致富的目标，并为移民和原居民共同奔小康创造条件。

(2)正确处理国家、集体和个人之间的关系。丹江口水库征地移民规划设计必须根据国家的有关政策和法规，按照前期补偿、补助与后期扶持相结合的原则，妥善安置移民的生产、生活，保护移民的合法权益。

(3)正确处理大坝加高工程移民与初期工程移民的关系。对大坝加高工程淹没、影响范围内的移民，根据国家现行的法规、规范，结合丹江口库区的特殊情况，编制移民安置规划；对大坝加高工程覆盖不了的初期移民遗留问题，根据国家关于水库移民遗留问题处理的政策、规定另行处理。

(4)坚持外迁为主，保护生态环境。丹江口水库为南水北调中线工程的水源工程，水库移民安置规划设计应重视对库周环境的保护。

丹江口水利枢纽大坝加高工程外迁农村移民数量大，宜采取大分散、小集中的方式安置。移民安置规划不仅要落实移民生产资源，而且要分析安置区的基础设施条件，充分尊重移民和安置区原居民的意愿和要求，针对具体问题进行移民社会适应性调整。

(5)水库移民安置规划设计应与社会主义新农村建设有机地结合，有利于安置区的社会经济发展和长治久安，有利于移民和原居民的加速融合。合理使用移民补偿资金和其他资金，合理利用安置区资源，为安置区可持续发展创造有利条件。

(6)坚持以土为本、大农业安置的原则。农村移民以土地为依托，以种植业安置为主。要选择水土资源条件好，交通便利，经济较为发达的地方作为安置区，通过对安置区气候资源、土地资源和农作物系统、林业系统等的分析，提出种植业或农林复合系统的安置方案，为实现农业的高产、优质、高效提供技术支持。

(7)移民安置补偿标准，遵循现行规范和有关规定计算确定。被征收土地上的附着建筑物按照其原规模、原标准或者恢复原功能的原则补偿，对补偿费用不足以修建基本用房的贫困移民，应当给予适当补助。工业企业和交通、电力、电信、广播电视等专业设施和中小学的迁建或者复建，应当按照原规模、原标准或恢复原功能计算的投资，纳入移民补偿投资；因扩大规模和提高标准增加的投资，由有关地方人民政府和受益单位自行解决。

二、规划原则

农村移民安置包括生产安置和生活安置两部分。生产安置指对因水库淹没失去土地的农业人口重新安排生产出路。生活安置是在生产安置基础上，对移民搬迁建房地点、基础设施建设、建房方式等做出安排。

（一）生产安置规划原则

农村移民安置以土地为基础，以调整农业产业结构、提高土地产出为手段，以搬迁后移民生活水平不低于原水平并与安置区原居民同步发展为目标。

安置移民的土地以有偿调整为主，以不降低原居民的生活水平为原则，通过配套农田水利设施、发展高新农业等手段提高土地产出效益，扩大生产安置环境容量。

为使移民搬迁后的生活不低于原有水平，防止库周过度开发和挤占生产资源，恶化生态环境，保证库区自然生态环境良性循环，为库周农村提供可持续发展机会，农村移民应以出县外迁安置为主。

对安置区应调查土地资源数量与质量、耕作制度、生活习俗，教育、医疗卫生、供水、供电、道路、电信、电视设施状况，发展第二、三产业的环境和条件，原居民对接收移民的态度及安置移民后对原居民生活水平的影响等。

移民安置方案同区域经济开发和生态保护相结合，通过生产、生活设施建设，促进安置区和原居民基础产业的发展，为移民和原居民生活水平的提高创造条件。

安置区耕地资源应较为充裕，人均占有量原则上要高于《规划设计大纲》的标准。成片调整耕地安置移民时，对人均耕地2.0亩以下的安置村，调出的耕地数量不高于该村耕地总量的10%；对人均耕地不小于2.0亩的安置村，调出的耕地数量不高于该村耕地总量的20%。

大坝加高工程移民安置区应尽量避开初期移民安置区。

严格禁止毁林开荒和开垦25°以上土地。居民点迁建应符合环境、水土保持的要求，尽量避开地质不良地区、不占压文物。

重视移民的教育和技术培训，提高移民劳动力技术水平，鼓励引进和吸收先进的科技成果，提高移民安置区生产力水平。

（二）搬迁安置规划原则

搬迁安置规划应与生产安置规划紧密结合。

按照有利生产、方便生活的原则，落实建房方式和建房地点。

移民建房方式以集中为主、分散为辅。分散建房以组为单位落实到人数，不落实到具体建房地点，基础设施建设费按典型设计集中居民点的人均指标推算。在满足有土安置的前提下，有条件时居民点建设可以结合安置区的小城镇建设统筹规划，但小城镇建设应方案合理，资金落实，能与移民搬迁建设同步进行。

集中居民点应建设在移民迁移线以外和浸没、滑坡、坍岸等地段以外的安全地带，地质稳定、地形相对平缓，易于解决水、电、交通等基础设施，移民就医、就学条件较好。

集中居民点建设应节约用地，少占耕园地，不拆迁老居民房屋，尽量与集镇和新农村建设有机结合，留有发展余地。

根据地形条件、人口规模等因素，选择典型集中居民点完成建设规划设计。

尊重当地政府和移民群众的意愿，尽量按原建制迁建，尽可能维持移民原有的生活习惯和群体关系。

保护生态环境，防止水土流失。

三、安置标准

与安置任务对应，安置标准包括生产安置标准和移民搬迁建设标准两部分。

（一）生产安置标准

丹江口水库农村移民生产安置主要采取整建制种植业安置和投亲靠友安置两种方式，两者均为土地安置，区别仅在于：整建制种植业安置由政府统一安排生产用地，投亲靠友主要是移民户利用亲友关系自主寻找土地。

1. 种植业安置标准

人均耕园地标准：根据安置去向，分为三类：一在本组以外的农村调地安置移民，大棚菜地 0.4 亩，或水田、水浇地和果园 1.05 亩，或旱地 1.4 亩；二原人均耕园地小于上述标准且在本组安置的移民，安置标准应不高于原有水平；三在集镇周围安置、不以土地为唯一谋业手段的移民，可根据移民意愿，适当降低土地安置标准。安置移民的耕地包括小于 1 米（北方为 2 米）的固定沟、渠、路和田坎。

其他土地：按调整耕园地面积总和的 6% 计列。

土地耕作半径：原则上不超过 3 千米。

2. 投亲靠友条件

投亲靠友包括亲友投靠、干部职工直系亲属投靠两种方式。其中：亲友投靠指移民利用亲友关系，自行联系，并征得迁出地和迁入地同意，自愿搬迁到亲友所在地安置。干部职工直系亲属投靠指在党政事业单位、国有和集体企业上班的正式干部职工直系家属，属于移民且自愿在县内安置的，由本人向县人民政府提出申请，提供干部职工所在单位证明，经迁出村委、所在乡镇人民政府、区县移民局审核后，由区县人民政府统一调地集中或分散安置。

（二）迁建建设标准

移民人均建设用地标准为 80 平方米/人。结合居民点村台建设、排水、生产用水等需要，集中居民点可规划修建坑塘，坑塘征地面积按 5 平方米/人控制。居民点建设用地和坑塘用地可统筹使用。

移民宅基地按户布置。根据河南省土地管理实施办法，每户宅基地标准不高于 167 平方米。

外迁安置区，每个居民点按 4 平方米/户标准征收土地作为移民村公益性墓地，按旱地单价计列征地投资。

1. 集中居民点

根据《镇规划标准》(GB 50188—2007),集中居民点性质分小、中、大、特大型4类,其中:人口规模不大于200人为小型村,201~600人为中型村,601~1 000人为大型村,大于1 000人为特大型村。

2. 交通

对外交通,原则上1个居民点规划1个对外交通出口,道路建设标准为:600人以下的居民点,路面宽3.5米,路基宽4.5米;600人以上(含600人)的居民点,路面宽4.5米,路基宽5.5米,均采用硬化路面。

3. 道路

红线宽度小型村4.5~6.5米、大中型村10米、特大型村12~16米,其中车行道宽度小型村3.5米,中型村主路6米、支路3.5米,大型村主路6~8米、支路3.5米,特大型村主路8~12米、支路6米、巷路3.5米。居民点内车行道全部硬化。

4. 供水

人均生活用水100升/天(含畜禽用水)。水质必须满足《生活饮用水卫生标准》(GB 5749—2006)的有关规定。水量满足居民生活用水需要。

5. 排水

采用雨污合流制。居民点雨水通过排水沟排至天然冲沟或沟渠或塘堰,排水沟结构型式、断面尺寸根据当地村庄建设情况合理确定。生活污水通过分户设置的沼气池处理后排入雨水系统。特大型村在室外排水系统末端设置地埋式污水处理设备,经处理后排至居民点外的沟渠或河道。

6. 供电

生活用电300瓦/人。

7. 通信、有线电视

线路覆盖率100%。

8. 学校、村委会、文化室、医疗点、环卫等公建设施

根据当地具体条件合理配置。

四、安置任务及主要规划成果

丹江口大坝加高后,淹没影响河南省淅川县的11个乡(镇)184个村1 276个村民小组、343处农副业设施、59处小型水利设施。淹没影响区土地总面积21.69万亩,农户26 957户105 962人,各类房屋244.48万平方米。

到移民迁安完毕年(2013年),河南省丹江口水库农村共有生产安置人口149 894人。受库区环境容量限制,大部分农村移民需出县外迁安置。具体安置方式为:种植业安置147 898人,投亲靠友1 997人。安置去向为:县内安置12 147人,县外迁安置137 747人。外迁移民中,除9人投亲靠友外,其他137 738人全部在省内种植业安置,安置区共涉南阳、漯河、平顶山、新乡、许昌、郑州等6个省辖市的24个县区109个乡(镇)571个村、35个单位(部队农场、国有农场、镇属农林场等)。

结合生产安置方案,到2013年,河南省丹江口水库农村共需搬迁人口161 310人。安

置方式为:集中建房 146 744 人,分散建房 13 950 人,进镇建房 616 人。安置去向为:县内建房 23 468 人,县外迁建房 137 842 人。外迁移民中,除 9 人投亲靠友分散建房外,其他 137 833 人全部集中建房。

按 2008 年平均价格水平,农村移民静态补偿总投资共计 1 159 773.73 万元。

河南省丹江口水库农村移民安置规划成果详见表 2-1 ~ 表 2-3。

表 2-1 河南省丹江口水库农村移民安置规划方案汇总 (单位:人)

分类	省辖市	区县	生产安置规划			搬迁安置规划			
			种植业	投亲靠友	合计	集中	分散	进集镇	合计
库区	南阳	淅川	10 159	1988	12 147	8 911	13 941	616	23 468
外迁安置区	南阳	邓州	27 968		27 968	27 985			27 985
		社旗	11 985		11 985	11 992			11 992
		唐河	19 046		19 046	19 048			19 048
		宛城	5 195		5 195	5 206			5 206
		卧龙	4 665		4 665	4 667			4 667
		新野	6 637		6 637	6 647			6 647
		小计	75 496		75 496	75 545			75 545
	漯河	临颍	3 278		3 278	3 278			3 278
		郾城	1 304		1 304	1 304			1 304
		召陵	567		567	567			567
		小计	5 149		5 149	5 149			5 149
	平顶山	宝丰	2 440		2 440	2 440			2 440
		郏县	1 843		1 843	1 843			1 843
		鲁山	1 599		1 599	1 599			1 599
		舞钢	1 539		1 539	1 539			1 539
		小计	7 421		7 421	7 421			7 421
	新乡	封丘	3 088		3 088	3 090			3 090
		辉县	4 936		4 936	4 937			4 937
		获嘉	1 937		1 937	1 937			1 937
		延津	2 562		2 562	2 562			2 562
		原阳	4 344		4 344	4 359			4 359
		小计	16 867		16 867	16 885			16 885
	许昌	长葛	4 144		4 144	4 146			4 146
		襄城	5 363		5 363	5 363			5 363
		许昌	5 128		5 128	5 136			5 136
		小计	14 635		14 635	14 645			14 645
	郑州	新郑	5 118		5 118	5 118			5 118
		荥阳	3 902		3 902	3 918			3 918
		中牟	9 150		9 150	9 152			9 152
		小计	18 170		18 170	18 188			18 188
	合计	24	137 738	9	137 747	137 833	9		137 842
总计			147 897	1 997	149 894	146 744	13 950	616	161 310

表 2-2　河南省丹江口水库河南省农村移民集中居民点基本情况统计

分类	省辖市	县区	户数	进点人数(人)			居民点性质(个)				
				合计	农业	非农业	特大型村	大型村	中型村	小型村	合计
库区	南阳	淅川	2 078	8 911	8 911				4	70	74
外迁安置区	南阳	邓州	7 234	27 985	27 968	17		3	49	84	136
		社旗	2 946	11 992	11 985	7			25	37	62
		唐河	4 866	19 048	19 046	2		2	30	72	104
		宛城	1 335	5 206	5 195	11			10	25	35
		卧龙	1 123	4 667	4 665	2	1		7	13	21
		新野	1 708	6 647	6 637	10	1		16	4	21
		小计	19 212	75 545	75 496	49	2	5	137	235	379
	漯河	临颍	882	3 278	3 278			4	1		5
		郾城	332	1 304	1 304			2			2
		召陵	130	567	567				1		1
		小计	1 344	5 149	5 149			6	2		8
	平顶山	宝丰	609	2 440	2 440			1	4		5
		郏县	386	1 843	1 843				4		4
		鲁山	384	1 599	1 599			2			2
		舞钢	398	1 539	1 539				3		3
		小计	1 777	7 421	7 421			3	11		14
	新乡	封丘	716	3 090	3 088	2	1		4		5
		辉县	1 240	4 937	4 936	1	1	1	6		8
		获嘉	447	1 937	1 937			1	3		4
		延津	520	2 562	2 562			3	1		4
		原阳	1 140	4 359	4 344	15		3	5		8
		小计	4 063	16 885	16 867	18	2	8	19		29
	许昌	长葛	1 058	4 146	4 144	2			12		12
		襄城	1 400	5 363	5 363		1	3	4		8
		许昌	1 282	5 136	5 128	8	1	2	6	1	10
		小计	3 740	14 645	14 635	10	2	5	22	1	30
	郑州	新郑	1 291	5 118	5 118		2	3	2		7
		荥阳	995	3 918	3 902	16	1	1	4	1	7
		中牟	2 384	9 152	9 150	2	2	5	7		14
		小计	4 670	18 188	18 170	18	5	9	13	1	28
	合计		34 806	137 833	137 738	95	11	36	204	237	488
总计			36 884	146 744	146 649	95	11	36	208	307	562

表2-3　河南省丹江口水库农村移民安置补偿静态投资汇总

项目	总计(万元)
1.征用土地补偿费和安置补助费	321 696.94
2.小型水利水电设施补助费	8 190.95
3.移民生产安置增补费	164 430.83
4.房屋及附属建筑物补偿费	193 570.82
5.房屋装修补助费	3 711.74
6.建房困难补助费	58 516.73
7.农副业补偿费	349.03
8.学校、医疗网点调整补助费	9 593.42
(1)学校调整补助费	9 031.00
(2)医疗网点调整补助费	562.42
9.基础设施补偿费	276 001.97
10.移民搬迁费	24 191.28
11.零星林木补偿费	6 143.92
12.坟墓迁移费	4 061.12
13.临时搬迁道路及设施补助费	1 536.24
14.移民过渡期生活补助费	17 987.28
15.移民新村双瓮厕所、沼气池补助费	8 105.00
16.渔业生产资料补助费	1 952.81
17.淅川县滔河乡张庄村移民提前搬迁补助费	2 088.53
18.出乡(镇)安置移民安置区专业项目增容费	7 076.15
19.出县外迁移民生活安置补助费	16 541.04
20.线上失去功能单位补助费	2 524.50
21.抗震处理措施费	4 444.44
22.农村居民点村台垫高后房屋基础处理费	3 778.17
23.膨胀土地基处理费	19 663.08
24.财产户物质搬迁费	111.45
25.外迁安置区移民村公益性墓地征地费	458.09
26.淅川县淹没影响区烈士墓迁建补助费	112.00
27.农村小型商业补助费	31.64
28.移民生产用地地面附着物补偿费	1 706.63
29.移民新村村委会及文化活动室建设补助费	1 197.93
总计	1 159 773.73

第三章　农村移民安置方式

第一节　生产安置方式分析

一、农村移民主要生产安置方式

农村移民安置包括生产安置和生活安置两部分。生产安置指对因水库淹没失去土地的农业人口重新安排生产出路。生活安置是在生产安置基础上,对移民搬迁建房地点、基础设施建设、建房方式等做出安排。在移民安置规划中,生产安置是基础,是移民成败的关键。

目前,我国水电工程建设征地涉及的农村移民生产安置方式主要有农业安置、非农业安置、复合安置三类。

(一)农业安置方式

农业安置方式指通过开垦、改造或有偿调整集体土地和国有农林场土地,给每个移民安排一份生产用地,移民搬迁后仍然以土地为基本的生活安置条件,通过开发和利用安置地的自然资源和地理、环境资源,大力发展种植业、养殖业、加工业等,从而给移民提供较为广阔的增收渠道。

农业安置方式给了农村移民安身立命之所,土地是他们最基本的希望和寄托,除了可从中获得基本生活所需的农副产品,还能依靠其实现最基本的生计保障,因此该方法是移民安置的首选方式。该方式对移民职业结构、生产方式和生活方式影响程度较小,移民安置后,不改变其农业人口的身份和地位,他们仍然生活在农村或者集镇,继续从事农业生产,符合我国传统农业文明思维模式和行为习惯,因此移民适应能力较强,有利于区域社会稳定。

对于依靠土地为生的移民,为了满足与安置区原住居民协调发展的需要,不至于与安置区居民在经济收入等方面有太大的差距,能尽快融入当地社会,同时也是社会公平性的要求,在提供安置生产资料时,土地数量和质量应与安置区原住居民基本相当,至少其生产潜力、位置优势和其他综合因素应不低于搬迁前的有利条件。因此,农业安置的难点在于如何筹措到适量的土地。

(二)非农业安置方式

主要包括一次性补偿安置、自谋职业安置、养老保险安置、二产业安置、三产业安置、城镇化安置、长效补偿安置、入股分红安置等方式。

1. 一次性补偿安置

一次性补偿安置是指对土地淹没较少,剩余土地资源能够满足其生产生活需要的涉淹农户,直接将补偿费用一次性兑现销号的方式。

2. 自谋职业安置

自谋职业安置指具有一技之长的移民，自行安排生产生活出路。

3. 养老保险安置

养老保险安置指达到规定年龄或丧失劳动能力的移民，将被征地补偿费用于养老保险，定期领取养老保险金，解决其基本生活来源。

4. 二产业安置

二产业安置指利用和发展经济效益较好且有市场前景的现有企业或新企业吸纳农村劳动力，让移民不再从事农业生产，从事第二产业发展生产所得到的收入将作为其的长期经济来源。

5. 三产业安置

三产业安置指移民主要从事商业、运输、建筑、服务业等行业，与二产业安置相同，从事三产业的收入是移民最主要的经济来源。

6. 城镇化安置

城镇化安置指具备一定条件的移民自愿到城(集)镇安置，不再调配土地。

7. 长效补偿安置

长效补偿安置是一种以工程寿命为补偿年限，按照被征占用土地的地类、面积，以土地净产值为补偿标准，逐年支付其所有权人或法定承包户补偿费用的安置方式。该方式是一种正在探索完善中的移民新型安置方式。

8. 入股分红安置

入股分红安置是利用受淹资产分享工程收益安置移民的一种模式。它将整个水库工程视作一个股份制企业，将受水库淹没损失的土地资源和水资源以股份的形式投入电站工程建设，对持股者按其持股比例进行分利，用所得红利发展再生产和解决移民的生产生活。该方式目前也还处于创新设想阶段。

非农安置后，移民不再从事农业生产，主要依靠其他途径获得长期稳定的就业和经济来源。因此，非农安置必须具备一定的条件：一是移民应具有一定的文化程度；二是土地资源紧张；三是安置地具有发展二、三产业的优越条件；四是移民已具有长期从事二、三产业生产活动的经验；五是有特殊群体安置条件，如已丧失劳动能力或年事已高等需要他人救助或帮助才能生存的人群。

与农业安置方式比较，非农安置缓解了移民安置对土地的压力，但是相对存在一定风险，如果对移民的长远生计和发展考虑不足，可能会带来移民就业无岗、发展无门等诸多问题，甚至成为影响区域社会稳定的潜在因素。

(三)复合安置方式

复合安置方式也称兼业安置、混合型安置，是指上述两种或两种以上安置方式并存的一种安置方式。其中最常见的就是农商结合安置方式，即对于本就亦农亦商的农业生产安置人口，采取调配适当面积的耕地保持基本收入与从事商业等活动相结合的安置方式，既可缓解移民对土地的需求压力，也符合传统农业向现代化农业转变的发展趋势。

二、丹江口水库农村移民生产安置方式

移民生产安置方式的确定，需要从库区实际出发，根据当地自然条件、经济发展状况、

人口结构、产业结构等具体情况进行分析。

丹江口水库农村移民文化素质较低，小学文化程度和文盲的比例占了53.28%。生产技能单一，农民习惯以农为主的生产生活方式，家庭收入来源主要是土地产出和打工所得，其中农业收入占46.72%，农业生产是农民重要的生活来源和保障。另外，丹江口库区现有工业主要为加工制造业，规模多为中小型企业。作为南水北调中线工程的水源地，水库建设和运行管理具有不同于其他水库的特殊性，对库区产业发展及生态环境建设有更高的要求，工程建成后，库区二、三产业结构将发生巨大的改变。从减少移民风险、保证移民有较为稳定的生活保障、保证社会稳定的角度出发，丹江口水库农村移民最终采取以土为主的农业安置模式。移民安置后，安置区政府应将其纳入当地社会经济发展规划范畴，根据市场需求和自身特点，开展职业培训，开辟新的发展门路，扩大就业途径，提供就业机会，多方面提高移民收入。国务院南水北调工程建设委员会于2005年1月27日发布的《南水北调工程建设征地补偿和移民安置暂行办法》(国调委发〔2005〕1号)中，对此进行了明确。

生产资料的获得分为政府统一安排生产用地和移民户利用亲友关系自主寻找土地两种方式。根据迁徙距离，政府统一调整土地的安置模式又分就地后靠安置和外迁安置两类。

(一)就地后靠安置

就地后靠安置是指利用淹没线上剩余土地资源安置移民的一种方式。该方式对移民恢复和发展生产创造了比较宽松的条件，主要体现在移民安置后，只是耕作的土地在地理位置上进行了移位，生产生活还是从前熟悉的环境，背井离乡的痛苦、适应新的环境、培养新的生产生活习惯、与安置区居民交往并建立新的人际关系以及学习新的劳动技能寻找就业机会等问题都不存在，移民生产、生活能快速地平稳过渡。

后靠安置的条件在于淹没线上是否有足够数量的土地资源。能不能后靠、后靠多少，全部取决于线上资源和人口结构情况。就便于管理、节省投资、易于安置的角度而言，在库周安置容量允许又不破坏生态环境的条件下，一般采取后靠安置方式。为了满足移民生产生活资源和长远生计保障，后靠安置容量不足的，则必须外迁。

在丹江口库区，就地后靠特指在淅川县内安置。

(二)外迁安置

外迁安置是指移民离开本乡，在本县或县外选择合适的安置区，通过调剂出一定数量的集体土地和国有土地安置移民的方式。

与后靠移民比较，外迁移民面临着一个全新的环境，虽然获得了与当地居民数量、质量相当的耕地，但是由于搬迁前后地理位置的差异，文化素质、经济基础和思想观念等方面的劣势，与安置地居民生活方式、习惯的不同，可能会导致移民原有生产技能不适应安置区生产开发和经济发展的需要，在生产开发和劳动就业等方面存在诸多问题和矛盾。为此，应尽量选择土地资源充足，经济较为发达、具有较好的区位条件和基础设施条件、尽可能兼顾移民原有的生产生活习惯的地区作为移民安置区，而且地方政府应给予移民和安置区一定的优惠条件，并在移民与安置区居民资源互利和各种安置措施落实的情况下实施。

就丹江口移民而言,外迁安置特指的是在淅川县外安置。

(三)投亲靠友

在丹江口库区,投亲靠友包括亲友投靠、干部职工直系亲属投靠两种方式。亲友投靠指移民利用亲友关系,自行联系,并征得迁出地和迁入地同意,自愿搬迁到亲友所在地安置。干部职工直系亲属投靠指在党政事业单位、国有和集体企业上班的正式干部职工直系家属,属于移民且自愿在县内安置的,由本人向县人民政府提出申请,提供干部职工所在单位证明,经迁出村委、所在乡镇人民政府、县区移民局审核后,由淅川县人民政府统一调地集中或分散安置。不管是哪种方式,归根结底,采取的还是有土安置模式。

第二节　省内出县外迁安置方式

一、库区人口与社会经济资源研究

(一)土地资源分析

1. 土地利用现状

土地承载力是丹江口库区农村移民安置的重点。

淅川县共有16个乡(镇),其中淹没涉及金河、上集、马蹬、九重、香花、仓房、盛湾、滔河、大石桥、老城、城关等11个乡(镇),加上与之条件相似的厚坡镇,库区共包括12个乡(镇)。12个乡(镇)淹没线上的土地资源情况如下。

12个乡(镇)共有263个村,扣除淹没线下指标后,辖区面积128.80万亩,其中耕地50.98万亩(包括陡坡地4.56万亩),占39.58%;园地1.71万亩,占1.33%;林地40.61万亩,占31.53%;水面0.27万亩,占0.21%;其他土地35.23万亩,占27.35%。

在耕地构成中,水田、水浇地、菜地等生产力较高的土地仅占11.05%,旱地占88.95%。九重、香花、厚坡3个乡(镇)由于位于陶岔、宋岗灌区,水浇地和水田所占的比例较大,其他村耕地沿江峡谷阶地分布,受条件限制,引用丹江及支流水源灌溉的建设运行成本较高,绝大部分没有灌溉设施。菜地主要分布在金河、上集、城关3个乡(镇)靠近县城的村庄。

从土地质量上分析:

(1)水田、水浇地和菜地生产能力最高,一般是高产稳产的旱涝保收田,耕作制度适宜,土地基本上得到了合理利用。

(2)旱地多在丘陵山区,土层浅薄,水土流失严重,农田基本建设条件差,土壤有机质和氮磷养分含量少,产量较低,80%左右属中低产田,其中低产田主要分布在厚坡、九重、香花、马蹬、盛湾5个乡(镇),中产田主要分布在上集、金河、老城、滔河、大石桥和仓房6个乡(镇),城关镇是唯一的高产田乡。

(3)园地1.71万亩,主要分布在仓房、马蹬、上集、金河等乡(镇),基本上是果园,果树品种涉及柑橘及桃、红枣、核桃、梨、苹果、葡萄、柿、樱桃等小水果,其中柑橘和柿树种植面积最大。由于管理和技术等方面的原因,相当一部分果园产量和产品的质量都有待提高,一些果树已过盛果期,需要更换优质品种;另一部分果园则需通过整理以提高土地生产力。目前园地中大约60.50%为低产园。

(4)现有水面面积0.27万亩,主要是一些小水库、沟渠、坑塘和水工建筑等,利用率低。

(5)林地40.61万亩,主要分布在北部山区的上集,西南山区的盛湾、仓房,东部的香花、马蹬等乡(镇),由于土层薄,石漠化现象严重,大部分为低产林。

(6)其他土地包括城镇村庄及工矿用地、交通用地、未利用土地等,总计35.23万亩,占土地总面积的27.35%。

目前,土地利用存在的问题如下:

(1)可供开发的土地后备资源不足。库区土地开发利用率大于69.11%,平均土地垦殖系数36.04%,农业用地率69.11%,土地利用程度较高,后备资源不足。

(2)灌溉条件有限,农田基本建设较差,现有的农田水利设施年久失修,排灌效果较差,抵抗旱灾的能力弱,农业生产在很大程度上仍是靠天吃饭。

(3)中低产田数量较大。根据土地利用现状,中低产田占80%左右,数量较大。如果充分利用移民补偿投资及部门投入资金对其进行治理改良,加强农田基本建设,增加土层厚度,增强保水保肥能力,调整种植结构,提高土地生产力,则将成为全县的高产稳产区,可极大地促进安置区的农业生产。

总体上,库区土地呈现出“土地利用程度高、后备资源有限、土地质量相对不高”的特点。在通过土地整理、复垦增加耕地数量的基础上,最主要的还是应根据库区农业气候条件、种植结构、农作物种类、社会经济技术发展水平,采取工程措施提高土地生产潜力,以满足移民本身生活的需求。

2. 土地生产潜力研究

(1)通过土地整理、土地复垦增加耕地数量。

土地整理是指对村庄、农田和其他零星土地采取综合治理和调整措施,以增加耕地及其他农业用地的有效利用面积,提高土地生产率,改善生态环境。其中,农田整理主要是对山水田林路进行统一规划,通过归并平整小块农田、降低路网、沟渠网密度等措施增加耕地面积。根据《淅川县土地利用总体规划》,库区需要整理的土地包括打谷场、农村闲散地、特殊用地、少于100人的村庄、围村林及部分适宜退园还耕、退林还耕的园林地等。

土地复垦是指对各种自然和人为原因造成破坏的土地采取治理措施,使其恢复到可供利用状态。库区内待复垦的土地包括砖瓦窑、废弃地和灾毁地三类。其中:①砖瓦窑占用和毁坏的大部分都是优质耕地,根据河南省“切实保护耕地、禁止砖瓦窑用地和现有砖瓦窑用地需全部有计划复垦”的文件精神,可对现有占用耕地的砖瓦窑复垦。②废弃地形成原因主要有两个:一是由在村庄附近取土毁田所致;二是由砖瓦窑取土所致,砖瓦窑占用的基本上都是良田,可全部复垦为耕地。③灾毁地主要是位于山谷中、易被暴雨山洪冲毁的耕地,其中部分可通过加固堤坎、填土平整等措施使其复垦为耕地。

根据库区土地资源现状特点:①九重、厚坡、香花、城关等4个乡(镇)。地势较为低平,以土地整理、复垦砖瓦窑为主。②大石桥、滔河2个乡(镇),复垦量小。以土地整理为主,主要是对村庄进行整理和退林还耕。③上集、金河、老城、盛湾、马蹬、仓房等6个乡(镇),是主要的土地整理、复垦区,其中:

a. 土地整理的主要形式是村庄整理、退林还耕、退牧还耕。村庄整理主要集中在马蹬、仓房、盛湾3个乡;退林还耕主要集中在盛湾、老城、马蹬3个镇。

b.砖瓦窑复垦集中在上集、金河、马蹬、老城4个乡(镇)。废弃地复垦主要在上集乡。

根据《淅川县土地利用总体规划》相关数据推算,库区通过土地整理、复垦可新增耕地0.20万亩。由此可见,由于土地利用程度较高,土地整理和复垦将不会从本质上改变库区的耕地面积。

(2)加强中低产田改造,提高土地质量。

库东、库西丘陵、岗地区中低产田的改良措施主要包括:①平整土地、完善水利设施配套。库区一些村还保留有集体所有制时兴修的小水库、水渠等设施,通过改造、修复以及挖掘至今尚未充分利用的水资源,积极兴修水利,将大大增加灌溉抗旱能力,提高耕地产量。②对盛湾、仓房、马蹬等乡(镇)的坡地进行改造。③在宋岗、陶岔灌区调整耕作方式。④加深耕层、增施有机肥。⑤增加科技投入,提高科学种田水平,推广小麦、水稻、烟叶、小辣椒四大作物套种、地膜覆盖、塑料大棚技术,提高单位面积产量。

库北浅山地区中低产田的改良措施主要是:①加深耕作层厚度、平整土地,扩大机耕地面积,提高水利利用系数,实现"田块成方、路林成岗、灌排自如"的高标准园田。②改造坡耕地,减轻水土流失。③在没有灌溉条件的情况下,走有机旱作农业的道路,加深耕层,增施有机肥,提高土壤肥力。

目前,库区共有旱地40.78万亩(不含陡坡地4.56万亩),其中约33.29万亩为中低产田,按改造后的面积为改造前面积的75%～85%计算,对中低产田进行改良后,产量将得到保证的旱地面积大约33.70万亩。

(3)建设占用耕地面积预测。

库区内陡坡地退耕还林、人口自然增长、正常基本建设、丹江口库区受淹工业企业复建、城镇迁建、农村移民搬迁都不可避免地占用一部分土地,从而减少耕园地数量。根据近几年社会经济发展水平和丹江口库区移民安置规划,到2013年,基本建设需要占用耕地约0.75万亩。

预计到移民迁安完毕年,在资金、技术、劳力的大量投入下,扣除因人口自然增长和其他正常建设占地后,经过土地整理、土地改良,库区内具有较高质量的耕地约38.79万亩。

(二)人口分析

按人口年自然增长率9‰、每年机械增长人口1 200人计算,到移民迁安完毕年,库区总人口约43.96万。

(三)耕地人口承载力分析

库区主要是农业人口。根据国家制定的2000年达到小康水平的人均粮食消费水平和各种食物与粮食的转化比,结合淅川县实际,推算到移民迁安完毕年,农村居民人均每年消耗粮食为450千克、蔬菜为180千克。

淅川县为国家贫困县,粮食和经济作物基本上自给,无调出任务。因此,耕地人口承载力采用下列公式估算:

$$P = Y/L$$

式中:P为库区耕地人口承载数;Y为库区内粮食总产量;L为人均年消费粮食标准。

根据《淅川县土地利用总体规划》,2010 年耕地平均粮食单产为 340 千克/亩。根据统计资料分析,库区 2005 年、2006 年、2007 年 3 年的蔬菜平均单产为 1 771 千克/亩。考虑 1% 的年增长率,到 2013 年,耕地粮食、蔬菜单产可分别达到 350 千克/亩和 1 880 千克/亩。

按上式初步估算,到 2013 年,库区耕地能够承载的最大人口容量约 29.99 万人。由此可见,按目前发展水平估算,淅川县库区耕地不能满足人们生活需要,大部分农村移民需要出县外迁安置。

二、加大出县外迁安置力度的背景和原因

2003 年 1 月 7 日,长江水利委员会以"长函〔2003〕4 号"函发"关于成立南水北调中线丹江口水利枢纽大坝加高工程水库移民规划工作领导小组的通知",并于 2003 年 1 月 11 日在湖北省鄂州市召开了领导小组第一次会议,会议由水利部长江水利委员会主任蔡其华主持,水利部副部长张基尧、湖北省副省长刘友凡、河南省政府办公厅副秘书长李庆贵出席了会议。水利部规计司、建管司、移民局、调水局,湖北省和河南省有关地方政府及有关部门、长江水利委员会、长江设计公司等单位参加了会议。会议强调,在开展移民安置规划的过程中,为保护生态,保证丹江口水库的水质不受污染,农村移民要坚持外迁为主的原则。

2003 年 6 ~ 7 月,河南省政府及移民主管部门提出了外迁安置备选区,长江设计公司提出的移民安置备选区进行技术论证,开展了外迁安置区移民环境容量实地调查工作,提出了外迁移民安置区环境容量初步调查报告。

为满足南水北调中线工程尽快开工建设的要求,为上级决策提供必要依据,根据水利部要求,从 2003 年 9 月开始,长江设计公司开展了《南水北调中线一期工程丹江口水利枢纽大坝加高工程初步设计阶段水库建设征地移民规划设计框架报告》的编制工作,经有关部门多次讨论,于 2003 年 12 月底完成《南水北调中线一期工程丹江口水利枢纽大坝加高工程初步设计阶段水库建设征地移民规划设计框架报告》终稿。该报告初步确定河南省丹江口库区外迁移民数量为 13.3 万人。

2004 年 4 月 9 日,长江水利委员会在武汉主持召开了南水北调中线工程丹江口水利枢纽大坝加高水库移民安置规划工作协调会,部署移民外迁的安置规划工作。水利部南水北调规划设计管理局、水利部移民局、河南省南水北调中线工程办公室、河南省政府移民办、湖北省南水北调工程建设管理局、湖北省移民局、长江水利委员会规计局、长江设计公司等单位参加了会议。根据淹没实物指标调查结果和前阶段工作基础,考虑尊重移民意愿,留有选择余地,暂定河南按外迁 15 万人开展外迁移民安置规划工作。

2004 年 5 月 26 日,河南省人民政府办公厅以"豫政办〔2004〕58 号"文发布了《关于做好丹江口水库大坝加高工程库区外迁移民规划工作的通知》,河南省政府决定对丹江口水库大坝加高工程的库区移民全部在本省范围内安置,暂定出县外迁安置移民 15 万人,其中南阳市(不含淅川县)安置 9 万人、平顶山市安置 7 200 人、漯河市安置 5 000 人、许昌市安置 14 100 人、郑州市安置 17 500 人、新乡市安置 16 200 人,要求各市把安置任务分解到所辖县(市、区),并将结果送省政府移民办复核备案。

2004年7月15日至9月3日，长江设计院根据县(区)提供的资料及安置区各县、乡(镇)的土地详查成果、统计资料，对移民安置村的土地环境容量进行了分析，现场核对了土地数量、查勘了土地分类和居民点建点位置的情况，对外迁安置区调整给移民的生产用地以村为单位具体落实到了地块、地类，确定了各村、乡(镇)、县的移民安置人数，在有利生活、方便生产的前提下，对移民安置点逐点进行了定点、定位、定量(确定进点人数)，同时对居民点配套的基础设施做了具体规划。在此基础上，编制完成了河南省农村移民外迁安置规划专题报告。外业工作结束后，长江设计公司与两省移民主管部门商议确定了淹没区迁出移民与外迁安置区的对接原则、方法，在此基础上，河南省政府移民办据此提出了初步对接方案。

根据水利部南水北调前期工作进度安排，长江设计公司在上述工作基础上，于2004年10月编制完成了《南水北调中线一期工程丹江口水利枢纽大坝加高工程初步设计阶段水库建设征地移民规划设计报告(送审稿)》。水利部水利水电规划设计总院分别于2005年1月23~26日、2005年4月13~16日在北京召开会议，对《南水北调中线一期工程丹江口水利枢纽大坝加高工程初步设计阶段水库建设征地移民规划设计报告(送审稿)》进行了预审。根据两次预审意见，长江设计公司对《南水北调中线一期工程丹江口水利枢纽大坝加高工程初步设计阶段水库建设征地移民规划设计报告(送审稿)》进行了修改完善，于2005年9~12月编制完成了《南水北调中线一期工程可行性研究总报告》。

2006年3月初，中国国际工程咨询公司对《南水北调中线一期工程可行性研究总报告》进行了审查，根据会上湖北、河南两省意见，同意两省分别增加1万人的农村移民外迁安置任务。

2006年6月5日至7月2日，长江设计公司在各级政府和移民主管部门的配合下，将新增的1万外迁移民落实到了村民小组。

2006年7月26日至8月24日，长江设计公司开展了外迁安置区移民安置补充规划设计工作，对外迁安置区的环境容量、集中居民点外基础设施规划指标等进一步进行了复核和落实，并于2006年12月编制完成《丹江口水利枢纽大坝加高工程初步设计阶段农村移民安置规划设计报告(讨论稿)》。2007年1月7~10日，水源公司召开了农村规划报告讨论会。根据会议意见，长江设计公司对《丹江口水利枢纽大坝加高工程初步设计阶段农村移民安置规划设计报告(讨论稿)》进行了修改完善，并于2007年6月编制完成《南水北调中线一期工程丹江口水库建设征地初步设计阶段农村移民安置规划设计报告》，待审。

自2003年初开展水库淹没实物调查以来，由于种种原因，丹江口水库移民一直未实施搬迁。按照国家要求，丹江口水库移民需在2013年搬迁安置完毕。为客观反映目前移民政策和物价变化情况，根据2008年10月国务院南水北调工程建设委员会第3次会议精神，长江设计公司对2007年6月完成的初设规划成果进行修订。2009年9月27日，国务院南水北调办以"国调办征地〔2009〕181号"文下发了《〈关于南水北调中线一期工程丹江口水库初步设计阶段建设征地农村移民安置规划设计报告(技术部分)〉的批复》，至此，河南省丹江口水库出县外迁移民数量确定为13.77万人。

三、出县外迁安置的方式

主要采取“大分散、小集中”的安置方式。所谓大分散，是指丹江口库区外迁移民达到13.77万人，采取的又是政府统一调整土地、以土为主的农业安置模式，对土地的需求量达到17.54万亩，调剂土地工作难度大，不可能集中在一个或几个地方就能完成，只能分散在全省范围内，化整为零，选择条件较好的地区实现移民的有土安置，从而减少大规模集中调地的困难，解决征地难的难题。小集中主要是针对移民建房而言，指移民到安置区后，不再采取分散插迁的安置方式，而是建设集中居民点进行生活安置，政府对安置点进行统一规划，统一基础设施建设、统一划拨宅基地。该方式对于背井离乡的移民来说，由于保持了原有行政建制和邻里、干群关系的相对稳定，不再显得形单影只，心态比较平和，易于接受。由于耕地由政府统一征拨，水、电、路、文化、医疗、教育等公共配套基础设施由政府统一规划建设，这些关系移民生存和发展的大事不再需要移民操心，加快了移民搬迁后恢复生产和生活的过程。

“大分散、小集中”的安置方有利于农业产业结构的整体规划和开发，可以将有限的补偿资金，用在最需要的地方，有利于对移民的统一管理，减少了移民后期扶持工作的难度。但是也存在明显的缺陷，那就是在移民安置过程中，地方政府必须帮助移民对接落实好最基本的生产资料，提供较好的安置点，做好其他各项服务工作，加大了政府和移民主管部门的工作负担和压力。

第三节　出县外迁安置方式的决策

一、决策的主要过程

设计院未参与省决策过程，拿到的只是结果，需要他人完成。

二、安置地和主要安置方式的选择

设计院未参与省决策过程，拿到的只是结果，需要他人完成。

三、迁出地、安置地主要职责

（一）迁出地的职责

1. 迁出地人民政府主要职责

（1）负责移民搬迁安置宣传动员工作；

（2）负责组织指导移民村建立健全移民迁安组织；

（3）负责做好移民人口去向分流、集体财产分割、户口及党团关系迁移等；

（4）负责移民实物卡发放工作；

（5）负责组织移民村做好移民房屋拆除和搬迁运输工作；

（6）负责投亲靠友移民手续办理及其补偿资金兑付工作；

（7）负责做好移民户籍和计划生育管理，严格控制库区人口增长和基础设施建设；

(8)负责库底清理工作,做好移民剩余资源整合与管理;

(9)做好信访稳定工作,预防和处置好突发性群体事件,确保库区和谐稳定;

(10)负责本行政区域内移民的其他工作。

2. 移民村主要职责

(1)在迁出地人民政府指导下,建立移民村(点)搬迁安置领导小组,负责组织领导、施工管理、资金管理和安全保障等工作;

(2)做好移民人口去向分流、集体财产分割、户口及党、团组织关系迁移等工作;

(3)根据批准的移民安置实施规划,制定移民新村建设实施计划,经县级移民机构批准后组织实施;

(4)组织移民宅基地分配和建房,开展新村基础设施和公益设施建设,确保工程质量、进度和安全;

(5)组织移民原有房屋拆除和搬迁运输工作;

(6)负责移民个人实物卡、资金卡发放和补偿资金兑付工作,做好村级移民资金使用管理;

(7)组织接收移民生产用地,承包土地到户,落实移民生产安置措施,做好生产开发;

(8)做好移民政策、安置方案、补偿标准、资金使用管理、村务等公开、公示工作,接受群众和社会监督;

(9)做好移民群众的宣传教育工作,动员群众顾全大局,服从国家整体安排,保证移民工作顺利实施,确保社会稳定;

(10)做好本村移民的其他工作。

(二)迁入地的职责

迁入地的职责主要是指当地人民政府的职责。其主要职责如下:

(1)负责做好移民安置的宣传动员和思想教育工作,为移民安置营造良好的环境;

(2)负责配合迁出地人民政府做好移民宣传动员、搬迁运输和欢迎接收工作;

(3)负责移民安置用地的征收与划拨,组织办理有关用地手续,及时将生产用地承包到户;

(4)负责移民新村建设的组织管理与协调工作,确保工程质量和施工安全;

(5)负责组织指导移民落实生产安置措施,做好移民后期扶持工作;

(6)负责移民资金卡发放和补偿资金的兑付工作;

(7)做好移民政策、安置方案、补偿标准、资金使用管理等公开、公示工作,接受群众和社会监督;

(8)做好移民人口去向分流,集体财产分割,户口及党、团组织关系迁入,有关证照办理等工作,及时纳入当地管理;

(9)做好信访稳定工作,预防和处置好群体性突发事件,确保移民安置区社会和谐稳定;

(10)做好被征地群众土地调整和补偿补助费的使用管理工作;

(11)加强对规划移民安置用地管理,不得在移民安置用地范围内突击建房、新栽树木、挖土和新建项目。

(12)负责本行政区域内移民的其他工作。

第四章 “四年任务、两年完成”的重大决策

南水北调工程举世瞩目，移民搬迁安置社会聚焦。如何圆满完成移民搬迁安置任务、把库区移民安置好、维护好移民群众的合法权益，努力实现“搬得出、稳得住、能发展、可致富”的目标，是河南省各级党委、政府面临的一项重要课题和重要任务。根据工程建设规划目标，南水北调中线工程建设于2013年底完成，2014年汛后通水，要求丹江口库区移民要在2013年搬迁安置结束。为全力支持南水北调中线工程建设，河南省委、省政府明确提出丹江口库区16.2万移民安置“四年任务、两年完成”的目标，即在2009年8月底完成试点移民1.1万人搬迁的基础上，2009年10月启动第一批移民6.49万人，2010年8月底前完成搬迁；2010年5月启动第二批移民8.61万人，2011年8月底前完成搬迁。

第一节 决策提出的背景和过程

“四年任务、两年完成”的目标是在2009年全世界爆发金融危机、国家号召拉动内需应对金融危机的前提下，在试点移民迁安工作开始后提出的。2009年4月开始酝酿，2009年7月正式确定。

一、决策背景

河南省委、省政府决定，将南水北调丹江口库区农村移民搬迁完成时间，由2013年12月底提前到2011年8月底，实现“四年任务、两年完成”的目标，主要背景有以下四点。

(一)移民群众的殷切期盼

在这次丹江大坝加高后需要搬迁的移民，有将近一半为二次搬迁，有的甚至是三次搬迁，人均耕地少，经济发展慢，家里底子薄，多数移民生产生活比较困难。为建设南水北调干线工程，国家于2003年对丹江口库区淹没及影响区下达了停建令，要求停止在库区淹没影响区的生产生活基础设施建设。由于下令停建的2003年到启动搬迁的时间长达七八年内，移民群众不能盖新房，不能发展生产项目，不能维修房屋，移民生产发展严重滞后，住房等生活条件得不到改善，因此库区移民危房较多。同时，规划的安置区农业条件、交通条件、经济发展环境都比较优越，移民安置政策、帮扶政策都比较优惠，搬迁后的生产生活环境将大大改善。因此，库区移民早搬迁、早安定的愿望非常迫切，要求早搬迁、早发展的呼声比较高涨。

(二)拉动内需的有效手段

2008年11月，丹江口库区移民安置工作实施后，正处于世界金融危机阶段。受世界金融危机影响，我国出口减少，实体经济受到较大影响。为促进我国经济的可持续发展，国家出台了许多扩大内需的政策，应对世界金融危机，减小对我国经济发展的冲击。河南省南水北调共搬迁16.2万移民，规划建设208个移民新村，加上库区基础设施、工矿企业

和城集镇迁建项目,库区移民投资达 200 亿元左右。尽快实施移民迁安,尽快完成这数额巨大的投资,对拉动中原地区内需、促进河南经济又好又快地发展,必将产生较大的促进作用。

(三)移民工作性质决定

水利水电工程建设征地移民具有非自愿性、依赖性、复杂性、长期性等特性,搬迁安置涉及移民群众的世世代代居住地的改变,涉及千家万户的切身利益,涉及社会的方方面面,是一项政府工作、群众性工作。工作量大、任务艰巨、矛盾较多,这就决定了移民搬迁必须形成强力的舆论氛围,必须有各级各部门的大力支持,必须形成合力,越是难度大,越要大干快干。大干问题不大,小干问题不小,晚干不如早干,慢干不如快干。

(四)工程建设的内在要求

南水北调中线工程是中共中央、国务院决策实施的重大战略性的基础设施项目,是缓解华北水资源短缺的重要工程,是关系国家可持续发展和长治久安的千秋伟业。按时完成工程建设任务是中共中央、国务院的明确要求,也是工程沿线和华北地区经济发展的现实需要。丹江口库区移民迁安是工程建设的重要组成部分,移民迁安工作进度直接影响着水库蓄水和工程引水。因此,加快移民迁安进度,尽快完成迁安任务,是工程建设的内在需要,也是支持工程建设的自觉行动。同时,提前完成移民迁安,缩短移民迁安时间,可以避免因物价上涨而增加移民迁安成本,避免或减少移民迁安超规划投资。

二、决策过程

"四年任务、两年完成"的决策过程主要分以下三个阶段。

(一)决策提出

2009 年河南省人大、政协两会期间,省委书记徐光春,省委副书记、省长郭庚茂和省委副书记陈全国,在召开书记碰头会商量工作的时候,专门就丹江口库区移民迁安问题进行了商量,考虑到上述背景和原因,决定将丹江口库区移民搬迁安置完成时间由原来的四年调整为两年,即由 2013 年底完成调整为 2011 年底完成。

(二)酝酿阶段

为了认真贯彻落实省委、省政府领导的指示精神,进一步加快南水北调丹江口库区移民安置进度,省政府移民办结合河南省丹江口库区移民的实际情况,就"四年任务、两年完成"的要求提出了初步计划:在 2008 年 8 月底完成 1.06 万试点移民搬迁安置的基础上,2009 年 9 月下旬启动第二批移民 4.3 万人,2010 年 8 月底前完成搬迁;2010 年 9 月下旬启动第三批移民 7 万人,2011 年 8 月底前完成搬迁;2011 年 2 月下旬启动第四批 3.8 万人,2011 年底前完成搬迁。2009 年 3 月 24 日,在中牟召开的河南省南水北调丹江口库区移民工作会议上,省南水北调办、省政府移民办主任王树山宣布了这一初步计划。

(三)决策阶段

为搞好河南省南水北调丹江口库区移民迁安工作,根据省委、省政府领导指示从 2009 年 4 月开始,省南水北调办、省政府移民办王树山主任就安排有关人员,按照省委、省政府领导有关指示精神起草了《河南省南水北调丹江口库区移民安置工作实施方案》,内容包括思想认识、总体要求、目标任务、落实政策、规划建设、宣传发动、组织领导等七个方面。《河南省南水北调丹江口库区移民安置工作实施方案》提出后，数易其稿，最后提交省委、省政府研究决定。7月13～14日，根据徐光春书记和郭庚茂省长有关指示精神，省委副书记陈全国、省政府分管副省长刘满仓在河南省委先后两次主持会议，听取南水北调办、省政府移民办王树山主任有关南水北调丹江口库区移民安置实施方案拟定情况、省南水北调丹江口库区移民安置指挥部成员组成情况汇报，对实施方案和指挥部组成单位进行专题研究和修改完善，并决定将《河南省南水北调丹江口库区移民安置工作实施方案》提交省政府常务会议和省委常委会议研究，并讨论通过。2009年7月24日，中共河南省委以豫文〔2009〕114号文件将《河南省南水北调丹江口库区移民安置工作实施方案》印发全省各有关部门执行。

第二节 对丹江口库区移民工作的影响

“四年任务、两年完成”的决策对河南省移民迁安工作的影响是广泛的、积极的、深远的。移民安置工作不但引起了各级党委政府的高度重视，赢得了各部门的广泛支持，形成了良好的社会氛围，促进了移民迁安工作的顺利进行，而且使得移民安置点条件较好，新村建设标准较高，移民搬迁平安顺利，生产发展后劲较足，移民群众得到了妥善安置。可以说，由于“四年任务、两年完成”的英明决策，河南省的移民安置由移民部门的工作转化为了政府行为，又由政府行为转化为社会行动，实现了“两个转化”，加快了移民迁安进度。主要表现在以下几点。

一、引起了各级党委政府的高度重视

“四年任务、两年完成”的重大决策提出后，省委、省政府对大规模移民进行了全面安排部署，并于2009年7月24日以中共河南省委豫文〔2009〕114号文件形式印发《河南省南水北调丹江口库区移民安置工作实施方案》，对移民搬迁任务进行了细化分解，并就思想认识、总体要求、目标任务、落实政策、规划建设、宣传发动、组织领导等方面提出了具体要求。之后，各级党委政府及有关部门按照省委、省政府的要求，将丹江口库区移民工作作为一项政治任务、中心工作摆上了重要议事日程，加强了组织领导，健全了管理机构，主要领导重点抓，分管领导亲自抓，为丹江口库区移民迁安工作提供了坚强有力的组织保障。

二、赢得了各部门的广泛支持

从2009年7月开始，河南省实行了库区移民迁安包县工作责任制，省直25个厅局，每个厅局由一名副厅级领导干部带领5～7人组成的工作组，分别驻扎在有移民迁安任务的25个县(市、区)，驻村蹲点，一包到底。各市、县实行了市包县、县包乡、县乡干部包村包户的逐级分包制度。36个厅局结合各自实际，制定了优惠政策，对移民迁安工作给予了大力支持。尤其是在移民搬迁期间，各级各部门通力合作，为搬迁提供全方位、保姆式服务，形成了纵向一致、横向同心、合力攻坚的浓厚氛围。搞好移民安置、服务移民搬迁已经成为各级各部门以及广大群众的共识。

三、形成了良好的社会氛围

由于各级党委政府的高度重视，电视、广播、报纸、网络等媒体的广泛宣传，支持移民、服务移民的氛围非常浓厚。在库区，移民主动搬迁的积极性提高了，服从政府安排的主动性增强了；在安置区，广大群众主动为移民腾地调地，积极为移民搞好服务；在新村建设工地，建筑企业积极参与移民新村建设，而且主动让利于移民；在搬迁途中，高速收费站职员列队欢迎，高速服务区免费提供午餐。

第三节　主要安排部署

省委、省政府提出“四年任务、两年完成”的重大决策后，河南省各级各有关部门高度重视，积极响应，积极采取措施，认真落实这一重大决策。

一、加快移民安置规划设计进度

移民安置规划是搞好移民搬迁安置工作的前提，移民搬迁安置工作结束时间提前，移民安置规划编制工作必须跟上。为了满足移民实施工作的需要，我们积极采取措施，千方百计加快移民安置规划编制进度。一是积极向国务院南水北调办呼吁，请求加快南水北调丹江口库区移民安置初步设计规划的审批进度。在河南省的积极呼吁下，南水北调丹江口库区移民安置初步设计规划于 2010 年 5 月正式审批。二是对移民安置方案进行优化整合。确定了优化整合的原则，制订了优化整合工作计划，召开了动员大会，对优化整合工作进行了全面部署。经过近 2 个月的努力工作，河南省丹江口库区移民安置点由 562 个优化整合到 208 个。三是加快实施规划编制进度。根据整体移民搬迁计划，于 2009 年上半年先行开始了第一批移民安置实施规划编制工作，于 2010 年 3 月开始了第二批移民安置实施规划编制工作。

二、建立健全移民工作机构

为适应大规模移民搬迁安置工作的需要，各地都建立健全了移民机构。一是市县两级移民部门在原有机构的基础上，加强了力量，充实了人员，有的甚至提高了机构规格。二是省委、省政府迅速决定成立河南省南水北调丹江口库区移民安置指挥部，具体负责全省的南水北调丹江口库区移民搬迁安置工作。三是各地根据移民迁安任务的大小，也都成立了相应的南水北调丹江口库区移民安置指挥部。四是为充分调动省直有关厅局的工作积极性，省委决策实行了移民迁安包县工作制度，从省直厅局选择 25 个厅局组成 25 个包县工作组，分包 25 个县（市、区）的移民迁安工作。

三、制定优惠帮扶政策

为确保“四年任务、两年完成”目标任务的实现，切实把移民安置好，省委、省政府先后出台了《关于南水北调工程丹江口水库移民安置优惠政策的通知》《关于进一步推进南水北调中线工程丹江口库区移民新村建设的意见》《河南省南水北调丹江口库区移民安置实施方案》等一系列优惠帮扶政策，对移民搬迁安置实行全方位倾斜，把移民资金同各项支农惠农资金和城镇建设资金捆绑使用，力争把移民新村建设成为社会主义新农村示范村。省直36个厅局按照省委的要求，结合部门职责和实际，在项目、资金、政策、技术等方面积极开展移民帮扶工作，累计帮扶资金58.92亿元，其中直接帮扶移民资金20.92亿元，向25个安置县(市、区)倾斜支持项目资金38亿元。各地为做好移民搬迁安置工作，按照省委、省政府的统一安排，也积极出台优惠政策，整合支农惠农资金，倾力支持移民。

四、制订移民搬迁安置实施方案

为搞好移民安置，指导移民安置工作有序向前推进，先后制定了《河南省南水北调丹江口库区第一批移民安置工作实施意见》《河南省南水北调丹江口库区第二批移民安置工作实施意见》《河南省南水北调丹江口库区农村外项目实施意见》，明确了各个阶段移民安置的工作任务，对各个搬迁时间节点做了具体安排，对全面完成任务提出了具体要求。

第五章　库区移民安置概述

南水北调丹江口水库淹没影响河南省淅川县11个乡(镇)184个行政村,需要搬迁安置的移民村有168个16.2万人。受丹江口水库初期工程的影响,丹江口库区经济发展远低于周边地区,主要表现在人均耕地少、质量差、基础设施薄弱、生态环境脆弱。为防止对库周的过度开发和挤占生态资源、恶化生态环境,省委、省政府经慎重研究,提出了南水北调丹江口库区农村移民以外迁安置为主、集中在南水北调干线的受水区进行安置的方案。经过设计单位对河南省干线受水区有关县(市、区)的环境容量调查、分析,结合相关县(市、区)的经济水平和发展潜力,最终确定将郑州、平顶山、许昌、新乡、漯河和南阳等6个省辖市的25个县(市、区)作为丹江口库区农村移民的安置区。

第一节　外迁移民的任务及完成情况

按照国家有关移民规范规定,移民的安置方式分为就近安置和远迁安置两种。为便于理解,本书将南水北调丹江口库区移民的安置方式分为两种进行叙述:在淅川县内安置的称为"县内安置";在淅川县外安置的称为"外迁安置",与之对应安置的移民称为"外迁移民"。

一、外迁移民计划任务

根据国家批复的初步设计阶段河南省丹江口库区移民安置规划,到2013年,河南省共需要搬迁建房安置4.07万户16.13万人,其中外迁建房安置3.48万户13.78万人;共规划安置点488个,其中试点移民安置点14个,试点外移民安置点474个。

按照国家有关政策和基本建设程序,由河南省省级移民主管部门具体负责丹江口库区移民实施规划阶段的规划设计工作。按照省委、省政府关于丹江口库区移民安置"四年任务、两年完成"的总体部署和具体要求,河南省在国家批复的初步设计阶段有关成果的基础上,经过总体对接和具体对接,共规划外迁安置移民3.63万户14.59万人,涉及148个移民村,规划建设安置点155个,涉及全省6个省辖市的24个县(市、区)108个乡(镇、农场);其中试点2 580户1.06万人,建设安置点12个;第一批1.57万户6.31万人,建设安置点61个;第二批1.8万户7.22万人,建设安置点82个。

二、各批次移民计划任务完成情况

为圆满完成省委、省政府提出的"四年任务、两年完成"的目标,根据河南省丹江口库区移民的安置规模,省移民安置指挥部经慎重研究后,提出将试点外的15.1万大规模移民分为两个批次进行安置,这样河南省的丹江口库区移民总共分三个批次。

(一)试点移民

河南省试点移民涉及淅川县10个行政村2 580户1.06万人,按照国家发改委和国务院南水北调办的批复,规划建设安置点14个,除姚湾村淹没线上留有部分非移民群众外,其他9个行政村属于整建制搬迁村,安置区域涉及10个县(市、区)。

试点移民于2008年11月启动,在实施中,河南省充分尊重移民的意愿,将原规划分为两个点安置的狮子岗村、马川村调整为一个安置点安置。经过省各级党委、政府和广大移民干部的共同努力,经过9个多月的顽强拼搏,2009年8月31日完成了试点移民搬迁任务;实际搬迁安置库区试点移民2 606户11 114人,其中集中外迁安置2 572户10 986人,投亲靠友34户128人。建设移民新村12个。通过试点移民的安置,锻炼了队伍,积累了经验,为开展大规模移民奠定了扎实的基础。

(二)第一批移民

在圆满完成试点移民搬迁安置的基础上,河南省于2009年10月20日全面启动了第一批移民57个村6.47万人的安置工作,其中外迁涉及55个村6.31万人。第一批移民需要搬迁安置到河南省6个省辖市25个县(市、区),计划建设移民新村81个,其中外迁安置点61个。到2010年7月20日,所有外迁移民新村的建设任务圆满完成,陆续具备搬迁条件。共建设房屋14 445座,面积208.1万平方米。2010年6月17日正式拉开第一批移民大规模搬迁的序幕,到9月4日,累计集中搬迁外迁移民76批13 761户6.1万人(不含自主搬迁移民),出动搬迁车辆1.1万台(次),随车工作人员1.2万人次,顺利实现了平安、和谐、顺利搬迁和"不伤、不亡、不掉、不漏一人"的目标。

(三)第二批移民

为保证省委、省政府提出的"四年任务、两年完成"的目标按时完成,按照省移民安置指挥部的统筹考虑,提出了第二批移民与第一批移民压茬进行。2010年6月12日启动了第二批移民8.47万人的安置工作,其中外迁涉及83个移民村7.21万人,涉及6个省辖市的19个县(市、区),规划建设82个安置点。第二批移民试点较第一批移民,一是安置的规模大,二是除个别村属于整建制搬迁村外,大部分属于部分搬迁村,而且村级班子的整体凝聚力相对薄弱,总的来说是时间更紧、任务更重、难度更大,搬迁安置强度空前。特别是库区仅淅川县一个出口,移民强度和难度,可以说空前绝后。

经过各级政府的共同努力,截至2010年5月20日,82个外迁安置点中,79个新村的建设任务全部完成,具备了搬迁条件,3个社区安置点由于对接较晚,按规定可在当年8月31日完成。按照省移民安置指挥部的安排,5月5日正式拉开第二批移民的搬迁序幕,8月25日随着滔河乡张庄村312户1 192名移民顺利搬迁至襄城县的移民新村,河南省第二批移民为期4个月的集中搬迁任务圆满结束,共完成搬迁批次95批,历时112天,实际搬迁移民17 080户76 724人。第二批4个社区的1 185名外迁移民于10月26日全部搬迁完毕。

至此,河南省南水北调丹江口库区移民外迁工作全部顺利完成,省委、省政府确定的"四年任务、两年完成"迁安目标圆满实现,河南省丹江口库区整个移民工作由安置阶段转为后期扫尾和后续帮扶阶段。

第二节 外迁移民分布情况

为妥善安置南水北调丹江口库区移民，河南省结合黄河小浪底水库移民在水库下游受益区安置的成功经验，经过论证研究，提出了南水北调丹江口库区移民在干渠受水区安置去向的思路，实践证明是成功的，符合该省实际，维护了移民的利益。

一、外迁规划分布的依据

按照国家《水利水电工程建设征地移民安置规划设计规范》(SL 290—2009)的规定，移民安置区的选择，在环境容量许可的前提下，一般按本组、本村、本乡(镇)、本县(市、区)、本省的顺序，由近到远，受益区优先、经济合理的原则。因此，针对库区需要安置的16.2万移民，河南省会同设计单位按照20万人的安置容量，就全部县内安置、部分出县但全部移民在南阳市所属各县(市、区)安置、部分出市但全部在省内安置(重点在干渠沿线受水区涉及的省辖市范围)、部分到外省(市)安置等模式进行了研究，重点对前三种方案进行了论证。

根据上述安置思路，结合对外迁移民安置区基本情况的调查结果，经省政府研究同意，决定库区移民全部在本省范围内安置。省政府办公厅《关于做好丹江口水库大坝加高工程库区外迁移民规划工作的通知》(豫政办〔2004〕58号)明确了移民外迁各地的安置任务，暂定出县外迁移民15万人，其中南阳市(不含淅川县)安置9万人、平顶山市安置0.72万人、漯河市安置0.5万人、许昌市安置1.41万人、郑州市安置1.75万人、新乡市安置1.62万人。各市根据本市各县(市、区)实际情况和设计单位的论证意见，将安置任务分解到所辖县(市、区)。

二、外迁分布的指导思想及原则

河南省外迁移民安置总的指导思想是：贯彻开发性移民方针，坚持以人为本，保证移民安置后生活达到或超过搬迁前的水平，将移民从工程建设的受损者转变为受益者。在安置去向的选择上，坚持以下原则：

(1)安置县(市、区)总体经济条件高于库县(区)。

(2)尊重移民意愿、保障移民合法权益，满足移民生存与发展的需求。

(3)以大农业安置为主，留有安置容量和备用的安置区。

(4)充分听取安置地原居民对接收移民的态度。

(5)能着力解决好与移民切身利益密切相关的问题，确保移民及安置区居民可持续发展，实现库区及移民安置区的长治久安。

三、外迁移民分布情况

根据国家发改委批复的试点规划和河南省南水北调移民安置指挥部批复的第一、二批实施规划，河南省外迁移民安置移民14.59万人，共建设安置点155个。分布在全省24个县(市、区)的108个乡(镇、农场)。其中，郑州市共安置1.92万人，建设安置点22个，涉及该市新郑、荥阳和中牟等3个县(市);平顶山市共安置0.76万人,建设安置点6个,涉及该市宝丰、郏县、鲁山、舞钢等4个县(市);许昌市共安置1.6万人,建设安置点13个,涉及该市长葛、襄城、许昌等3个县(市);漯河市共安置0.52万人,建设安置点6个,涉及该市临颍、郾城、召陵等3个县(区);新乡市共安置1.8万人,建设安置点23个,涉及该市封丘、辉县、获嘉、延津、原阳等5个县(市);南阳市共安置外迁移民7.96万人,建设安置点85个,涉及该市邓州、社旗、唐河、宛城、卧龙、新野等6个县(市、区)。各地安置人数详见表5-1。

表5-1　河南省南水北调丹江口库区移民外迁安置人数　(单位:户、人)

安置地			实施规划安置人数						
				试点		第一批		第二批	
地区	县(市)	安置点	合计安置人数	安置点个数	人口	安置点个数	人口	安置点个数	人口
外迁合计	24	155	145 947	12	10 627	61	63 137	82	72 183
郑州		22	19 218	3	2 537	7	7 179	12	9 502
	新郑	6	4 723			2	1 880	4	2 843
	荥阳	6	5 077	2	1 443	2	2 528	2	1 106
	中牟	10	9 418	1	1 094	3	2 771	6	5 553
平顶山		6	7 587	1	942	4	6 350	1	295
	宝丰	2	2 775	1	942	1	1 833		
	郏县	2	1 645			1	1 350	1	295
	鲁山	1	1 825			1	1 825		
	舞钢	1	1 342			1	1 342		
许昌		13	16 045	1	1 372	3	4 628	9	10 045
	长葛	3	4 565			1	2 217	2	2 348
	襄城	6	5 691			1	1 055	5	4 636
	许昌	4	5 789	1	1 372	1	1 356	2	3 061
漯河市		6	5 248	1	563	3	3 171	2	1 514
	临颍	4	3 104	1	563	1	1 027	2	1 514
	郾城	1	1 605			1	1 605		
	召陵	1	539			1	539		
新乡		23	17 963	1	915	9	7 810	13	9 238
	封丘	2	3 005			1	949	1	2 056
	辉县	7	4 807			3	2 346	4	2 461
	获嘉	4	1 867			1	498	3	1 369
	延津	5	3 579			2	1 774	3	1 805
	原阳	5	4 705	1	915	2	2 243	2	1 547
南阳市		85	79 640	5	4 170	35	33 999	45	41 471
	邓州	30	29 378	1	942	13	11 245	16	17 191
	社旗	17	13 343	2	898	6	5 505	9	6 940
	唐河	18	20 093	1	797	8	9 920	9	9 376
	宛城	6	5 165			4	3 289	2	1 876
	卧龙	7	5 154			1	1 138	6	4 016
	新野	7	6 507	1	1 533	3	2 902	3	2 072

第六章　移民安置组织管理机制

根据国务院南水北调工程建设委员会印发的《南水北调工程建设征地补偿和移民安置暂行办法》的规定，南水北调丹江口库区移民工作实行政府领导、分级负责、县为基础、项目法人参与的管理体制。国务院南水北调工程建设委员会办公室负责全国的南水北调工程建设征地移民工作。河南省南水北调丹江口库区移民工作，在省政府领导下，由省人民政府移民工作领导小组负责，省政府移民办具体承办。河南省有关市、县（市、区）人民政府负责本行政区域内南水北调丹江口库区移民工作的组织和领导，各移民管理机构具体承办。

为加强对丹江口库区移民工作的领导，汇集各方力量，整合各方资源，举全省之力搞好丹江口库区移民工作，河南省委、省政府于2009年7月研究决定成立河南省南水北调丹江口库区移民安置指挥部，下设办公室负责全省南水北调丹江口库区移民安置工作。根据省里安排和工作需要，各有关市、县（市、区）也先后成立了相应机构。

第一节　移民安置管理机构

南水北调丹江口库区移民安置工作涉及河南省6个省辖市25个县（市、区）。为搞好移民安置工作，各级政府都成立了移民管理部门。

一、省级移民管理机构

河南省南水北调丹江口库区移民安置管理机构沿革主要分为两个阶段：2003年至2009年7月主要由河南省人民政府移民工作领导小组办公室负责移民安置工作，2009年8月以后主要由河南省南水北调丹江口库区移民安置指挥部办公室负责移民安置工作。

（一）河南省人民政府移民工作领导小组办公室

河南省人民政府移民工作领导小组办公室（简称省政府移民办）成立于1986年，在河南省人民政府移民领导小组领导下，代表河南省政府负责全省水库移民工作。2003年南水北调丹江口库区移民工作开始后，根据省政府安排，南水北调丹江口库区移民安置和干线征迁工作由省政府移民办负责，具体由省政府移民办规划计划处承办。2008年10月库区试点移民开始实施后，把规划计划处分为库区组和干线组两个组，分别负责库区移民安置和干线征迁工作。2009年7月河南省丹江口库区移民安置指挥部办公室成立后，库区移民安置工作交由河南省移民安置指挥部负责，库区组的人员和职责移交河南省移民安置指挥部办公室。

（二）河南省南水北调丹江口库区移民安置指挥部办公室

河南省南水北调丹江口库区移民安置指挥部办公室（简称省移民安置指挥部办公室）成立于2009年7月，在河南省南水北调丹江口库区移民安置指挥部领导下，代表河南省政府负责全省南水北调丹江口库区移民安置工作。河南省南水北调丹江口库区移民安置指挥部,分别由省委副书记和副省长担任政委和指挥长,省人大一名副主任和省政协一名副主席担任副政委,省委、省政府有关单位正厅级领导和南阳市委书记共10人担任副指挥长,省直有关部门副厅级领导和6个省辖市市长、市委副书记和副市长等52人担任成员。指挥部下设办公室,省南水北调办、省政府移民办主任王树山担任办公室主任,省南水北调办副主任王小平等8人担任办公室副主任。办公室下设综合组、督察组、协调组、建设组、宣传组、稳定组等6个组,工作人员分别从省直有关单位抽调。

二、市、县移民管理机构

市、县两级移民机构根据各地实际情况,有所分别,有的单设,有的是设在水利部门或南水北调办,有的是原有机构,有的是新成立的。乡(镇)大多数都没有设置移民机构,而是成立了临时性的移民安置指挥部。

(一)市级移民机构

南水北调丹江口库区移民安置涉及河南省郑州、平顶山、新乡、许昌、漯河、南阳等6个省辖市,其中南阳市既有迁出任务,也有安置任务,其他市只有安置任务。

1.郑州市移民管理机构

郑州市移民管理机构原来设置在郑州市水利局,郑州市南水北调工程建设领导小组办公室成立后,将南水北调丹江口库区移民工作及其他水库移民工作都移交给郑州市南水北调办公室,具体由南水北调办一名常务副主任负责,移民副主任具体主管,设移民处具体负责南水北调移民工作。

2.平顶山市移民管理机构

平顶山市移民管理机构是在原平顶山市移民办的基础上进行沿革的。1991年以前,平顶山市的水库移民管理工作一直设在平顶山市水利局,是平顶山市水利局的二级机构。1991年1月,为加强对水库移民工作的领导,成立平顶山市移民办,隶属市政府直接管理,正科级规格。1997年6月升格为副县级,内设综合科、安置科、财务科三个科室。南水北调丹江口库区移民工作开始后,其移民迁安工作由平顶山市移民办负责。为了理顺关系,2009年6月平顶山市政府成立平顶山市移民局,全面负责水库移民安置和南水北调工程建设工作,正县级规格。

3.新乡市移民管理机构

新乡市移民管理机构沿革分为四个阶段,从1993年成立新乡市移民工作领导小组办公室,设在市农办,由市农办的一位副主任分管;2003年随着移民任务的加重,2003年开始设秘书科、规划安置科、资金计划科;2010年1月,市编委下文,市移民办从市农委划出,与市南水北调办合署办公,一个机构两块牌子,移民方面仍设三个科;2011年6月,市编委再次下文,成立新乡市移民领导小组办公室,办公室为由副市级干部担任财政全供的事业单位,下设秘书科、规划安置科、资金计划科。

4.许昌市移民管理机构

许昌市于2004年11月成立许昌市南水北调中线工程建设领导小组办公室、许昌市南水北调丹江口库区移民领导小组办公室,一个单位,两块牌子,正处级设置,下设综合科、工程科、移民科、质检科、财务科。

5.漯河市移民管理机构

2008年以前,水库移民后期扶持工作由水利局负责。为搞好南水北调丹江口移民搬迁安置工作,2008年2月漯河市成立漯河市移民局(漯河市南水北调中线建设管理办公室),一个机构,两个牌子,负责南水北调丹江口库区移民安置和中线建设管理工作。2010年1月漯河市移民局(漯河市南水北调中线建设管理办公室)撤销,移民工作继续由市水利局负责。

6.南阳市移民管理机构

在2004年12月之前,南阳市移民机构设在南阳市水利局,机构名称叫南阳市移民办,是水利局的下属二级机构,科级规格。2004年12月,南阳市政府将南阳市移民办升格为副处级机构,名称变更为南阳市移民局,仍归南阳市水利局管理,是南阳市水利局的二级单位,内设办公室、规划科、扶持科、财审科四个科,负责全市包括南水北调丹江口库区移民在内的全市水库移民工作。2009年为适应繁重的南水北调丹江口库区移民搬迁安置工作,南阳市政府将南阳市移民局升格为正处级,直接隶属省政府,不再归水利局管理,内设科室没有变化。同时,为加强对南水北调丹江口库区移民工作的领导,南阳市于2009年7月成立了南阳市南水北调丹江口库区移民安置指挥部,下设办公室、协调组、建设组、督察组、宣传组、财审组、信访稳定组等。

(二)县级移民机构

(1)荥阳市:荥阳市移民局,与南水北调办合署办公,正科级机构,单独设置。

(2)新郑市:新郑市移民局,正科级机构,单独设置。

(3)中牟县:中牟县移民局,与中牟县南水北调办合署办公,单独设立,正科级设置,与县水利局一个党组。

(4)舞钢市:舞钢市移民办,单独设立,正科级设置。

(5)宝丰县:宝丰县移民办,水利局的二级机构,正科级设置。

(6)郏县:郏县移民局,与郏县南水北调办合署办公,正科级设置。

(7)鲁山县:鲁山县移民办,与鲁山县南水北调办合署办公,正科级设置。

(8)辉县市:辉县市移民办,单独设立,正科级事业单位。

(9)原阳县:原阳县移民办,单独设立,正科级事业单位。

(10)获嘉县:获嘉县移民安置指挥部,设在县农委,临时机构。

(11)延津县:延津县移民安置指挥部,设在县农委,临时机构。

(12)封丘县:封丘县移民安置指挥部,设在县农委,临时机构。

(13)许昌县:许昌县移民办,单独设置,正科级事业单位。

(14)襄城县:襄城县移民办,单独设置,正科级事业单位。

(15)长葛市:长葛市移民办,与南水北调办合署办公,正科级事业单位。

(16)临颍县:在水利局内部设立移民办公室,股级设置,人员从水利局抽调。

(17)郾城区:在水利局内部设立移民办公室,股级设置,人员从水利局抽调。

(18)召陵区:在水利局内部设立移民办公室,股级设置,人员从水利局抽调。

(19)淅川县:单设淅川县移民局,正科级单位。

(20)邓州市:单设邓州市移民局,正科级单位。

(21)唐河县:单设唐河县移民局,正科级单位。

(22)社旗县:单设社旗县移民局,正科级单位。

(23)新野县:单设新野县移民局,正科级单位。

(24)宛城区:宛城区移民局和宛城区南水北调工程建设办公室合署办公,一个单位两块牌子。

(25)卧龙区:卧龙区移民局单设,正科级单位。

第二节　管理职责及主要内容

为了明确任务、落实责任,充分调动各级党委、政府的工作积极性,南水北调丹江口库区移民工作开始以后,各级政府和相关部门都层层签订了目标责任书。省移民安置指挥部经过认真研究,出台了《河南省南水北调丹江口库区移民安置实施办法(试行)》(豫移指〔2009〕54号),划清了迁入地、迁出地及移民村各自的职责任务。

一、迁出地的主要职责

按要求完成移民搬迁安置相关任务,做好省委、省政府有关丹江口库区移民政策的落实工作;负责移民搬迁安置宣传动员和思想教育工作;组织指导移民村建立健全移民迁安组织,加强移民村两委班子建设;组织完成移民安置总体对接和具体对接工作;组织做好移民户籍核对和人口复核工作;提出本辖区移民安置方案,确定分户安置去向,配合设计单位做好实施规划编制工作;负责移民实物补偿问题处理工作;做好移民实物卡及资金卡发放,集体财产分割,户口及党团关系迁移,以及军烈属、五保户、农村低保、新农合、后期扶持等有关手续转出工作;组织确定移民建房数量、宅基地分配;负责收缴移民建房缺口资金;配合迁入地组织移民村迁安组织选择房屋户型,对移民新村总体布局规划提出意见;制订移民搬迁总体方案,做好临时道路、停车场整修和水路转运工作;负责库底清理工作;负责投亲靠友移民手续办理及其补偿资金兑付工作,制定有关管理办法;做好移民户籍和计划生育管理,严格控制库区人口增长和基础设施建设;负责移民在淹没线上剩余资源的处置与管理;做好水库水面和消落地管理工作;负责移民债权债务处理工作;做好信访稳定工作,预防和妥善处置突发性群体事件,确保库区和谐稳定;做好本辖区移民资金管理和监督,确保资金安全;负责本辖区移民的其他工作。

二、迁入地的主要职责

按要求完成移民搬迁安置任务,做好省委、省政府有关丹江口库区移民政策的落实工作;做好安置区群众和移民的宣传动员和思想教育工作,营造良好的移民安置环境;配合迁出地做好移民安置对接工作,提出本辖区移民安置具体方案,配合设计单位做好实施规划编制工作;根据批准的移民安置实施规划,制订移民新村建设实施方案,经县级政府批准后组织实施;负责移民新村建设的组织、管理、协调、监督工作,做好移民工程招标投标工作,确保工程进度、质量和施工安全;负责移民安置用地的征收与划拨,组织办理有关用地手续，及时组织移民村将生产用地承包到户；组织落实移民生产安置措施，做好移民培训，扩大移民就业，指导移民发展生产，搞好后期扶持工作；负责移民补偿补助资金的兑付和结算工作；做好移民政策、安置方案、补偿标准、资金使用管理等公开、公示工作，接受群众和社会监督；配合迁出地做好移民建房数量确定、宅基地分配和建房资金缺口收缴；组织选择房屋户型，对新村总体布局规划提出意见；组织制订移民搬迁方案，做好移民搬迁组织和搬迁后续工作；负责移民户口及党团组织关系迁移，军烈属、五保户、农村低保、新农合、后期扶持等有关手续转接工作，协调办理有关证照，及时纳入当地管理；做好信访稳定工作，预防和妥善处置群体性突发事件，确保移民安置区社会和谐稳定；做好被征地群众土地调整和补偿补助费兑付及使用管理工作；加强对规划移民安置用地管理，不得在移民安置规划用地范围内突击建房、新栽树木、挖土和新建项目。配合移民监督评估单位和移民迁安分包工作组工作。负责本辖区移民的其他工作。

三、移民村的主要职责

在迁出地党委、政府指导下，建立移民村（点）迁安组织，参与新村建设管理与监督，配合做好移民资金兑付；做好移民人口核定、具体安置去向落实、集体财产分割、户口及党、团组织关系迁移，以及军烈属、五保户、农村低保、新农合、后期扶持等有关手续办理工作；组织移民选择房屋户型、对新村总体布局规划提出意见、确定移民建房数量、分配宅基地和收缴建房缺口资金；参与移民建房招标投标和新村建设管理与监督；参与制订移民搬迁方案，组织移民搬迁工作；负责移民个人实物卡、资金卡发放；配合有关部门做好补偿补助资金兑付及结算工作，做好村级移民资金使用管理；按照“四议两公开”，做好移民村级事务的决策与管理；组织接收移民生产用地，土地承包到户，落实移民生产安置措施，引导移民发展生产，做好后期扶持工作；做好移民政策、安置方案、补偿标准、资金使用管理、村务等公开、公示工作，接受群众和社会监督；做好移民群众的宣传教育工作，动员群众顾全大局，服从国家整体安排，保证移民工作顺利实施，确保社会稳定；做好本村移民的其他工作。

第三节　运作管理机制

丹江口库区移民搬迁时间紧、任务重、要求高，涉及社会的方方面面，涉及政府各个部门。为促进移民搬迁安置工作的顺利进行，河南省各级各部门健全机构，完善机制，通力协作，合力攻坚，保证了移民迁安工作的顺利开展。

一、健全指挥机制

省、市、县三级都成立了南水北调丹江口库区移民搬迁安置指挥部，党委副书记任政委，政协、人大领导任副政委，政府主管领导任指挥长，党委、政府有关部门领导任副指挥长或成员，形成了坚强有力的指挥体系，指挥移民搬迁安置工作，切实把移民部门的工作变成了政府行为。在成立指挥部的基础上，设立指挥部办公室，下设综合组、建设组、督察组、协调组、宣传组、信访稳定组等，分别负责移民迁安过程中的有关工作。指挥部的指挥作用贯穿在任务部署、服务指导、检查验收、问题督办、表彰奖励等移民迁安的全过程。

二、创新督察机制

为了加强对移民迁安工作的督导，按照省委、省政府的统一部署，河南省创造性地实行了库区移民迁安包县工作责任制，省直25个厅局，每个厅局由一名副厅级领导干部带领5~7人组成的工作组，分别驻扎在有移民迁安任务的25个县（市、区），驻村蹲点，履行督促、协调、帮扶职能。各市、县实行了市包县、县包乡、县乡干部包村包户的逐级分包制度。同时，在移民迁安过程中，每月组织25个包县工作组开展一次互督互查，关键时间节点进行检查验收评比，并及时下发督察通报，对工作好的进行表扬，对工作差的进行批评。通过驻点工作，强化了对移民迁安工作督察指导，协调解决了移民迁安过程中遇到的矛盾纠纷和存在的问题，并对移民迁安工作实施了大力帮扶，有力地促进了移民迁安工作的有序开展。

三、完善帮扶机制

在河南省南水北调丹江口库区移民迁安过程中，各级各部门都能够从全省的经济建设大局出发，全力支持南水北调丹江口库区移民迁安工作，结合各个部门自身职能，制定出台了许多帮扶政策，整合各种支农惠农资金和新农村建设资金，进一步放大了移民安置效果。据不完全统计，省直36个部门累计帮扶资金达50多亿元，市、县两级政府也拿出了许多资金，大力支持了移民迁安工作。

四、加强协作机制

在省南水北调丹江口库区移民安置指挥部的统一指挥下，全省各级各有关部门按照省委、省政府赋予的职责和任务，同心协力、密切协作，推动了移民迁安工作的顺利开展。在实施规划编制工作中，国土、农业等积极提供有关资料；在新村建设过程中，城建部门积极指导监督移民新村建设，水利、电力、广播、通信、环保等部门负责移民新村基础设施建设，卫生、教育、体育、文化、商务等部门负责移民公益设施建设，公安负责安全保卫；在移民搬迁过程中，交通、公安、卫生、电力等部门都全程参与、跟踪服务。

第七章 外迁移民安置的主要政策

河南省南水北调丹江口库区共需搬迁安置移民 16.2 万人,其中外迁安置移民 14.6 万人,占 90%。外迁移民安置的效果直接关系到丹江口库区整体移民安置的成败。为保证丹江口库区外迁移民的顺利搬迁,妥善安置,国家、河南省及地方各级政府均出台了相关政策,为移民的搬迁安置提供了政策支持。

第一节 国家有关政策规定

为使丹江口库区移民能够妥善安置,国家在水库移民安置有关政策的基础上,针对丹江口库区移民及外迁移民又出台了相关特殊政策,既维护了移民群众的切身利益,又为按时完成丹江口库区移民搬迁安置提供了保障。

一、移民安置的指导思想和原则

(一)指导思想

贯彻开发性移民方针,采取前期补偿、补助与后期扶持相结合的办法,使移民生活达到或者超过原有水平。

(二)原则

坚持以人为本,保障移民的合法权益,满足移民生存与发展的需求;顾全大局,服从国家整体安排,兼顾国家、集体、个人利益;节约利用土地,严格控制建设用地规模;可持续发展与资源综合开发利用、生态环境保护相协调;因地制宜,统筹规划;严格按国家有关法律、法规和政策实施,做到公开、公平、公正,接受社会监督。

二、移民补偿补助

(1)根据《中华人民共和国土地管理法》的规定,建设征地补偿费包括土地补偿费、安置补助费以及地上附着物补偿费。

土地补偿费、安置补助费、地上附着物补偿费,属于集体所有的土地应当用于移民划拨土地和发展生产,由安置地县级移民主管部门拨付给提供土地的集体经济组织,属于个人的按权属予以补偿;建设用地和生产用地不补偿青苗,迁入地应组织做到错茬征收和划拨。

(2)个人补偿补助:农村移民个人补偿补助费主要包括个人房屋及附属物、零星树木、农副业补偿费、建房困难补助费、坟墓迁移费和移民搬迁费,以及其他安置补助费。

附属物包括围墙、门楼、烤烟房、晒场、牲畜栏、粪池、地窖、水池、水井、沼气池、有线电视、电视接收器、电话、农用车辆等补偿(助)费。

其他安置补助费包括房屋装修补助费、渔网渔具补助费、过渡期生活补助费。

房屋装修补助费由移民村分解兑付给移民户，优先用于移民建房。

渔网渔具补助费由移民村按权属兑付给移民户。

过渡期生活补助费由迁入地县级移民管理机构或乡（镇）政府在移民搬迁后，按月兑付给移民个人，不得挪作他用。

（3）特殊政策：国家考虑到丹江口库区移民受初期工程影响，人多地少，基础设施和公益设施条件差，移民生产生活困难等特殊情况，为妥善安置移民，采取了一些特殊政策。主要有：

①由于库区人均土地少，为保证移民按规划标准划拨生产用地，国家增列了土地增补费，保证移民基本的生产用地需要。

②对于移民人均房屋补偿费不足24平方米砖混结构补偿费的移民户，补足人均24平方米砖混结构房屋补偿费，并按此计列了建房困难补助费。

③到安置区后，国家对移民修建沼气池、双翁厕所给予每户2 000元补助。

④为鼓励移民外迁，按出县外迁人均1 200元增列外迁移民补助费。

⑤为保障移民搬迁安置期间基本的生活条件，保证移民安置的顺利进行，国家按人均1 200元的标准对移民过渡期生活给予补助。

⑥考虑到移民公益设施补偿费的不足，按人均0.15平方米农村砖混结构房屋标准给予村级场所建设补助。

第二节　省政府出台的配套政策

为做好南水北调丹江口库区的移民安置工作，河南省委、省政府抢抓机遇，适时提出了“四年任务、两年完成”的目标，并根据河南省的实际，及时出台了《关于印发〈河南省南水北调丹江口库区移民安置工作实施方案〉的通知》（豫文〔2009〕114号）、《关于南水北调中线工程丹江口水库移民安置优惠政策的通知》（豫政〔2008〕56号）等一系列配套政策，从而保证了河南省丹江口库区移民搬迁安置工作的顺利进行。省委、省政府明确要求：

（1）发展改革部门在安排建设项目时要向库区和移民安置区倾斜。

（2）财政部门在每年的支农资金使用安排上，根据具体情况向库区和移民安置区倾斜，重点支持农村基础设施建设等。对移民建造自用住宅用地，凡新建住宅占用耕地不超过规定标准面积的，按照当地适用税额减半征收耕地占用税；超过规定标准面积的，对超过部分按照当地适用税额全额征收耕地占用税。

（3）国土资源部门对纳入当地土地整理规划的移民生产安置用地优先安排土地整理项目；在办理丹江口水库移民安置建设用地和生产用地手续时，按照国家最低标准收费；属于应由移民个人承担的费用，只收取工本费。

（4）公安部门对移民户口迁移、身份证办理、机动车迁移手续办理、驾驶证换证等，只收取工本费。

（5）交通部门在新农村建设交通项目安排上对移民村倾斜，对丹江口水库库周交通恢复项目建设给予资金和技术支持，协调相关单位做好移民搬迁运输保障工作。

(6)教育部门要支持移民区发展教育事业,做好移民学生的转学入学衔接工作,并免收借读费用。对移民中的国家在职教师自愿转入安置地的,协调有关部门予以接收安置,并免收费用。移民搬迁后5年内,移民考生在中招、高招录取中给予降5~10分照顾。

(7)卫生部门要免费办理移民新型农村合作医疗关系转移手续,及时纳入安置地管理;指导移民村做好卫生防疫工作。

(8)劳动保障部门要优先安排移民劳动技能培训,积极组织移民劳务输出,拓宽移民就业渠道。

(9)民政部门对移民中的军烈属、伤残军人、复员退伍军人、五保户、低保对象等优抚安置救助对象,做好手续转接工作;对生活困难符合救助条件的,依法予以救助。

(10)农业、林业、畜牧部门在移民安置后,优先组织安排对农村移民进行种植业、林果业、养殖业等技术技能培训和指导,扶持移民发展生产;对移民发展沼气池优先给予补助;移民迁移自养的畜禽,给予免费检疫。

(11)水利部门在安全用水和农田水利建设项目安排上对移民安置区给予倾斜支持。

(12)广播电台、电视台、报社等新闻媒体要做好移民政策宣传工作,免费播放、刊登有关移民政策、通告等。

(13)税务部门对移民建房免征税费。

(14)林业部门对因库区淹没和移民安置需采伐的林木免征育林金,及时办理采伐证;移民搬迁运输自有木材,免费办理准运证。

(15)农机部门对移民在安置地购买大型农业机械的,要优先安排购置,及时落实财政补贴,办理相关手续。移民原有的农用机具需要迁移的,要及时办理相关手续。

(16)金融部门在移民发展生产时优先给予贷款。

为了促进移民安置区生产发展,高标准、高起点地把移民新村建设成为社会主义新农村示范村,省政府出台了《关于进一步推进南水北调中线工程丹江口库区移民新村建设的意见》(豫政办〔2009〕11号),提出按照“搬得出、稳得住、可发展、能致富”的总体要求,通过采取相应措施,实现“八个一”的目标:

①每个移民有一个符合基本居住条件的住房。按照国家对丹江口库区移民采取的特殊政策,保证移民每人拥有24平方米砖混结构住房,切实解决移民居住问题。

②每户移民有一个良好的人居环境。按照制订的规划,搞好供排水、供电、道路、电信、广播电视、文化、卫生、体育、环卫等设施的配套建设,搞好移民新村绿化和美化,使移民有一个生产方便、生活便利、环境优美、设施齐全的人居环境。

③每个移民新村都是一个生态文明村。引导移民群众树立生态文明观念,提高环境保护意识,积极主动地建设资源节约型和环境友好型社会主义新农村。采取国家补偿、省里补贴和移民个人投入的办法,原则上每户移民新建一座“两位一体”的沼气池。要积极探索利用移民建办的养殖小区建设大、中型沼气池的新路子。

④每个移民有一份基本的口粮田。按照国家批复的移民安置规划,确保移民人均拥有水田、水浇地1.05亩(或旱地1.4亩),解决移民口粮问题。安置区政府要根据有关规定,通过调整土地、搞好土地整理等措施,为移民提供一份基本口粮田。对按水田和水浇地划拨的口粮田,要搞好农田水利设施配套;对按旱地划拨的,有条件的地方可发展成水

浇地。

⑤每个移民新村有一个生产发展“三步走”的规划。第一步是确保移民土地调整到位,完成土地整理、水利设施配套等任务,保证移民发展农业生产的基本需要;第二步是引导移民发展特色种植、养殖、林果和农产品加工,调整优化农业结构,使移民尽快从生产发展中得到实惠;第三步是积极稳妥地发展第二、三产业,扩大移民就业门路,提高移民收入水平。

⑥每户移民家庭转移一个劳动力。劳动保障、扶贫、农业、移民等部门要大力开展移民实用技术培训和技能培训,通过多种举措,力争平均每户移民家庭向其他产业转移1名劳动力,逐步提高其自我发展能力。

⑦每个符合条件的移民享受一份国家后期扶持资金。按照国家现行的水库移民后期扶持政策,确保农村农业人口的移民从完成搬迁之日起纳入后期扶持范围,每人每年直补600元,连续扶持20年。

⑧每个符合条件的移民逐步办理一份养老保险。按照国家和省里的部署,逐步建立健全适合移民特点和需求的社会养老保险制度,为符合条件的移民逐步办理养老保险,最终纳入河南省新型农村社会养老保险范围,切实解决移民老有所养的问题。

第三节　省直部门和地方政府出台的优惠政策

自河南省南水北调丹江口库区移民工作开展以来,省直各有关单位和地方各级政府按照省委、省政府的统一部署,站在讲政治、讲大局和为移民、为国家认真负责的高度,结合库区移民实际和各自的工作职能,分别制订了帮扶工作方案,研究出台了本系统的配套政策,为确保丹江口库区移民“四年任务、两年完成”,实现库区移民“搬得出、稳得住、能发展、可致富”,提供了可靠保障,奠定了坚实基础。

一、省直有关部门出台的优惠政策

河南省财政厅、河南省国土资源厅联合出台了《关于下达2009年中央补助河南省新增建设用地土地有偿使用费预算指标的通知》(豫财综〔2009〕116号),要求安置县要将分配的新增费专项用于耕地整理土地开发、基本农田建设与保护工作,按照国家、省土地整理、复垦、开发项目等有关规定落实到项。

省财政厅先后出台了《关于下达丹江口库区移民安置点专项补助的通知》(豫财农〔2009〕318)、《关于印发〈南水北调丹江口库区移民安置配套政策措施具体落实方案〉的通知》(豫财办〔2009〕61号),对每个丹江口库区移民安置点专项补助50万元,主要用于饮水、村内道路、农田水利、沼气等移民生产生活基础设施建设,对移民建造自用住宅用地,凡新建住宅用地不超过规定标准面积的,按照当地适用税额减半征收耕地占用税,超过规定标准面积的,对超过部分按照当地适用税额全额征收耕地占用税。

省国土资源厅《关于印发〈南水北调丹江口库区移民安置配套政策措施落实方案〉的通知》(豫国土资发〔2009〕115号),对涉及南水北调移民的县(市、区)安置区域优先安排项目,对纳入当地土地整理规划的移民生产安置用地优先安排土地整理项目。

省教育厅先后出台了《关于南水北调中线工程丹江口水库移民考生录取、教师调动等有关问题的通知》(豫教发规〔2009〕92 号)、《关于做好丹江口库区移民学校秋季开学前各项准备工作及有关问题的通知》(教办〔2009〕654 号)、《关于开展 2009~2010 年度中央彩票公益金助学项目的紧急通知》(教资助〔2009〕790 号)、《关于印发〈南水北调丹江口库区移民安置配套政策措施落实方案〉的通知》(教办〔2009〕826 号)、《关于加强移民学校管理有关问题的通知》(教办〔2009〕829 号)、《关于进一步落实将移民学校建设纳入农村中小学校舍安全工程和校舍维修工程有关问题的通知》(教办〔2009〕998 号)等,规定:移民考生在普通高校招生中照顾 5 分录取,在中等学校招生中照顾 10 分录取,优惠照顾时限 5 年;要求各地积极做好移民学生转学、教师调动等工作;移民村凡需要新建小学的,要按照移民相关政策和"中小学校舍安全工程"相关要求设计建设,所需资金除移民学校建设资金外,缺口部分由移民安置县列入"中小学校舍安全工程"优先安排。

省商务厅出台了《关于抓好河南省南水北调丹江口库区移民村"万村千乡市场工程"农家店建设的通知》(豫商建〔2009〕96 号),在规划"万村千乡市场工程"农家店建设中优先考虑移民村,做到每建设一个移民村布局一个农家店。

省民政厅先后出台了《关于做好南水北调丹江口库区移民迁安相关工作的通知》(豫民文〔2009〕161 号)、《关于印发〈河南省民政厅南水北调丹江口库区移民安置配套政策措施落实方案〉的通知》(豫民文〔2009〕210 号)、《关于做好南水北调丹江口库区试点移民春节慰问和救助工作的通知》(豫民文〔2010〕20 号),要求各地认真做好库区移民优待抚恤、社会救助政策的衔接和延续工作,对库区移民中的困难家庭,及时纳入社会救助范围,并适当扩大救助覆盖面,对移民遭受暴雨、冰雹、洪涝等自然灾害的,给予及时救助,使库区移民感受到党和政府的关心。

省人力资源和社会保障厅出台了《关于进一步做好南水北调丹江口库区移民安置工作的通知》(豫人社〔2009〕334 号),大力促进库区移民转移就业,努力实现凡是有转移就业愿望的库区移民零就业家庭,至少实现一人相对稳定就业;加大库区移民培训力度;根据库区移民的培训意愿分期分批开展职业技能培训,使每一位有转移就业愿望的库区移民都能掌握一技之长;要求各有关地区积极探索解决库区移民养老保险问题的路子,争取尽早将库区移民全部纳入新型农村社会养老保险试点范围。

省卫生厅先后出台了《关于做好南水北调中线工程丹江口库区移民安置有关卫生工作的通知》(豫卫合农(2009)5 号)、《关于印发〈南水北调丹江口库区移民安置配套政策措施卫生工作落实方案〉的通知》(豫卫农卫〔2009〕17 号)、《关于做好 2010 年南水北调丹江口库区第一批移民新村村卫生室建设的通知》(豫卫农卫〔2010〕12 号),要求有关地区把移民新村村卫生室纳入当地村卫生室建设计划,确保在移民搬迁当年村卫生室能够建成并投入使用;确保移民搬迁安置前后新农合工作的连续性,确保为参合移民服务不断档;及时将移民新村的疾病预防控制、基本医疗、妇幼保健、卫生监督、健康教育等工作纳入管理范围。省卫生厅负责将移民新村村级卫生室建设纳入专项资金补助计划,每村补助 1 万元。

省水利厅出台了《关于印发河南省南水北调丹江口库区移民新村农田水利基本建设实施方案》和《河南省南水北调丹江口库区移民新村饮水安全工程建设实施方案》(豫水

农〔2010〕10号），对有南水北调丹江口库区移民安置任务的25个县（市、区）移民新村在农田水利项目上优先安排，按50亩一眼机井对移民村进行灌溉设施建设；将移民新村优先纳入农村饮水安全工程项目，建设资金按每人500元的标准由中央和地方共同负担。

省环境保护厅出台了《关于做好南水北调丹江口库区移民迁安村帮扶工作的通知》（豫环文〔2009〕275号）、《关于对南水北调丹江口库区移民安置村生态创建工作加强督导的通知》（豫环文〔2010〕11号），要求各级环保部门将移民村纳入生态文明村建设。

省工业和信息化厅出台了《关于做好移民迁安帮扶工作的通知》（豫工信〔2010〕8号），在承接产业转移、产业集聚区建设、工业项目建设、中小企业融资、中小企业帮扶、就业安置、要素保障等7个方面，对有关市、县给予重点帮扶。

省农业厅出台了《关于贯彻落实河南省南水北调丹江口库区移民安置工作实施方案的意见》（豫农综法〔2009〕8号），将移民新村户用沼气建设纳入国债专项资金补助计划。按照国家补贴标准，户用沼气建设每户补助1 200~1 500元。从全省农业结构调整资金中调整1 500万元，专项扶持移民接收地的农业结构调整工作。

省林业厅出台了《关于印发〈南水北调丹江口库区移民安置新村绿化配套措施实施方案〉的通知》（豫林计〔2009〕274号），对移民新村的绿化进行规划指导和技术支持，并对每个移民新村补助绿化费5万元。

省体育局出台了《关于下发〈河南省南水北调丹江口移民安置配套体育设施工作方案〉的通知》（豫体群〔2009〕29号），对每个移民村投入5万元，用于体育设施建设。

省交通厅为移民村对外连接路每千米补助10万元，并对移民实行免费搬迁。

另外，省人口计划生育委员会出台了《关于做好南水北调移民迁安中人口和计划生育工作的意见》（豫人口〔2009〕102号）；省文化厅出台了《关于印发〈南水北调丹江口库区移民安置配套政策措施文化工作落实方案〉的通知》（豫文化〔2010〕26号）；省畜牧局出台了《关于印发南水北调丹江口库区移民安置配套政策措施落实方案》（豫牧〔2009〕95号）；省广播电影电视局出台了《关于做好南水北调移民新村通广播电视工作的通知》（豫广〔2009〕121号）；省扶贫开发办公室出台了《关于积极做好南水北调移民贫困村整村推进和劳动力转移培训工作意见》（豫扶贫办〔2009〕135号）；省电力公司出台了《关于加强南水北调丹江口库区移民新村供电工作的通知》（豫电农〔2009〕1048号）；省国家税务局出台了《关于下发南水北调丹江口移民安置配套政策落实方案的通知》（豫国税发〔2009〕322号）；省工商行政管理局出台了《关于大力支持南水北调丹江口库区移民创业的意见》（豫工商〔2009〕28号）；省农家书屋工程建设领导小组出台了《关于河南省南水北调丹江口库区移民安置配套政策中农家书屋建设方案》（豫出农〔2009〕6号）；省地震局出台了《关于印发〈河南省南水北调丹江口库区移民安置配套政策措施落实方案〉的通知》（豫震防发〔2009〕27号）；省通信管理局出台了《关于做好我省南水北调丹江口库区移民新村配套通信设施建设的通知》（豫通局〔2009〕61号）；省邮政管理局出台了《关于做好移民新村邮政服务工作的通知》（豫邮管〔2009〕48号）；省公安交通警察总队出台了《关于做好我省南水北调中线工程移民车辆和驾驶人管理工作的通知》（豫公交办〔2009〕244号）；省精神文明建设指导委员会办公室出台了《关于印发创建"迁安移民文明村"实施细则》的通知（豫文明办〔2009〕27号）；省社会治安综合治理委员会办公室出台了《关于开展创建平安移民新村确保移民群众平安和谐稳定的通知》(豫综治办〔2009〕48号)等。

据不完全统计,截至2013年底36家省直单位对移民新村帮扶资金达20多亿元。

二、地方各级政府出台的优惠政策

在省直有关单位出台的各项南水北调丹江口库区移民安置优惠政策的基础上,地方各级各有关部门也强化领导,认真组织相关人员,一是深入学习领会省直单位各项优惠政策的主要内涵,二是结合当地实际,整合资源,相继出台了关于本地区、本部门的有关丹江口库区移民安置的配套政策。郑州市是南阳市以外安置丹江口库区移民最多的省辖市,区位优势明显,发展前景广阔,但相应的土地价格较高,为使丹江口库区移民搬迁安置顺利进行,郑州市从市财政拿出近10亿元,用于弥补移民安置土地的征收;同时将丹江口库区移民新村建设纳入社会主义新农村建设管理,每个移民村补助新农村建设资金200万元,有力地促进了移民新村建设。南阳市、平顶山市及有关县(市、区)也拿出大量资金,用于丹江口库区移民安置奖补,进一步提高了安置地搞好移民搬迁安置的积极性。许昌市在省移民安置指挥部办公室给移民每户门楼院墙补助2 000元的基础上,每户又补助1 000元,进一步提高了迁出地移民群众搬迁安置的积极性。三是根据移民需要,及时将惠民政策落实到每一个移民村、移民户和移民个人。同时对各项配套政策落实过程中遇到的困难和问题,积极主动,不等不靠,及时沟通,及时协调,创造条件,营造环境,协助省直单位将配套政策和帮扶措施扎扎实实落到实处,取得了实效。

第八章　库区试点移民工作的探索和研究

南水北调丹江口库区移民安置工作是一场史无前例的攻坚战，为了确保这场战役取得圆满的胜利，首先要保证从组织机构到各级干部，从规划设计到建设管理，从资金预算到计划编制的充分准备，同时还要打消移民群众的疑虑，让移民群众从怀疑抵制到信任接受。为此，2007 年 10 月，国务院南水北调办决定启动丹江口库区移民安置试点工作，丹江口库区移民安置规划和前期准备工作拉开序幕。

第一节　试点移民工作概况

南水北调丹江口库区移民人数多、安置任务重、工作难度大、质量要求高，工作如何顺利推进，是担负这项艰巨任务的各级领导干部无时无刻不在思考的重大问题，也是广大移民群众和社会各界高度关注的问题。由于历史原因，丹江口库区移民大多数为老移民和返迁移民，过去一次次搬迁的回忆，让他们至今仍然心有余悸，对这次搬迁的安置去向和条件，他们也感到怀疑，唯恐历史再次重演。搬迁到哪里？怎么搬迁？搬迁后的生活怎样？各种疑问不能仅仅依靠图纸上的规划来回答，人们需要的是用行动来证实。

一、丹江口库区移民试点工作的目的

开展库区移民试点工作的目的，一是积累经验，通过试点发现新形势下移民安置工作的新情况和新问题，研究探索新做法，积累总结经验，为下一步大规模移民积累经验；二是为了锻炼移民干部队伍，提升新形势下移民干部的队伍素质；三是为了推动工程进展，通过试点工作进一步推动南水北调工程整体工作的顺利进展。

二、试点移民规划情况

2008 年 10 月，国务院南水北调办对南水北调中线一期工程丹江口水库建设征地移民安置试点规划进行了批复（国调办环移〔2008〕152 号），批准河南省开展库区移民试点工作。

根据国务院南水北调办批复的丹江口库区移民安置试点规划报告，河南省在淅川县大石桥、老城、金河、盛湾、滔河、马蹬、上集、香花等 8 个主要淹没乡（镇）选择张湾、狮子岗、姚湾、马川、鱼关、周湾、姬家营、曹湾、魏营、张义岗等 10 个村进行试点。淹没影响涉及 10 个试点村的 69 个村民组、26 处村组副业、9 家单位、1 家工业企业。淹没线下土地总面积 9 928.63 亩，其中耕园地 5 667.56 亩。总人口 2 305 户 9 416 人，均为农户。房屋面积 20.41 万立方米，其中移民个人 19.59 万平方米、单位 0.52 万平方米、企业 0.30 万平方米。规划搬迁安置农村移民 2 537 户 10 627 人。农村移民除投亲靠友安置 128 人外，其余 10 499 人全部出县集中外迁安置。外迁安置区涉及郑州市的荥阳市、中牟县，平顶

山市的宝丰县,新乡市的原阳县,许昌市的许昌县,漯河市的临颍县,南阳市的邓州市、唐河县、新野县、社旗县,共6个省辖市10个县(市),规划移民安置点14个,优化整合后实际建设12个安置点(原阳县近科楼安置点和原武窑场安置点调整合并为原武窑场安置点,宝丰县马旗营安置点和西黄安置点调整合并为西黄安置点),规划划拨生产用地13 156亩。另外,还安排淅川县省道S335线复建和小三峡大桥建设两个控制性项目。试点移民安置总投资113 518.15万元,按照国务院南水北调办的安排,试点移民要在2009年9月底完成搬迁。

三、试点移民实施情况

移民安置是南水北调中线工程建设的重要组成部分,也是工程建设的难点和热点,事关工程建设的成败,事关移民群众的切身利益,事关社会和谐稳定。为全面完成党中央、国务院交给的移民安置任务,河南省各有关市、县(市)党委、政府把移民安置试点工作作为一项政治任务,加强领导,精心组织,周密部署,狠抓落实,保证了库区移民工作的顺利进行,保证了移民安置试点的有序推进。

2008年11月7日,河南省委、省政府召开了移民安置动员大会,对移民安置工作进行了全面部署,试点移民安置工作正式启动;12月1日,移民迁安组织建立,安置对接基本完成,试点移民新村“三通一平”工作全面开始;2009年2月20日,在充分尊重移民意愿的前提下,由移民迁安组织具体负责,通过严格的招标投标,选择了力量强、信誉好、质量高的施工队伍,进场开始移民房屋建设;7月20日,移民房屋基本建成,试点移民具备搬迁条件;8月16日,省委、省政府在许昌县姬家营移民新村举行隆重的搬迁启动仪式,试点移民搬迁拉开序幕,到8月31日试点移民全部搬迁结束。具体实施情况如下:

(一)移民房屋建设

全省10个试点移民村,12个安置点,规划户数2 663户。移民新村占地标准是每人85平方米(含5平方米坑塘用地),每户宅基地167平方米。建房形式采取绝大部分移民户在出具委托书的前提下,由移民村迁安组织统一招标,统一组织建设。极少部分是联户建设或自建。房屋造价根据建房合同内容不同而不同,最高每平方米550元(含膨胀土处理),最低每平方米450元。截至2009年8月31日,全省10个试点移民村12个安置点,累计完成移民建房2 536套,面积35.34万平方米,其中,一层1 583套,二层953套,人均住房面积33平方米。

(二)基础设施建设

全省10个试点移民村,12个安置点,规划新村占地面积1 345亩。移民新村对外连接路、供水、供电、街道、排水、通信、有线电视等基础设施建设,由县级移民机构或乡镇政府负责组织实施。截至2009年8月31日,试点移民新村基础设施累计完成对外连接路34.11千米,主支供水管道53.16千米,主支街道42.77千米,380伏线路18.12千米,220伏线路85.86千米,主支排水管道58.97千米,通信电缆50.67千米,有线电视电缆91.38千米,沼气池976户。

(三)公益设施建设

移民新村公益设施项目主要包括学校、村部、卫生室、超市、文化大院等,建设资金除本村淹没补偿和规划投资外,资金缺口大部分通过政府有关部门帮扶解决。10 个试点移民村 12 个安置点实施结果:建学校(幼儿园)10 所,面积 6 161.06 平方米;村部 11 所,面积 4 119.17 平方米;卫生室 11 个,面积 953.32 平方米;超市 8 个,面积 770.36 平方米;文化大院(广场)10 所,面积 6 915.86 平方米。具有经营性质的卫生室、超市多数是移民个人建设,个人经营。

(四)生产用地划拨

全省 10 个试点移民村 12 个安置点规划划拨生产用地 13 156 亩,计划划拨 12 757.64 亩,实际完成 12 924.2 亩,其中水田 1 249.6 亩,水浇地 5 835.2 亩,旱地 5 839.4 亩。完成土地整治 3 627.23 亩,水利设施配套 2 393.03 亩。人均水浇地 1.05 亩或旱地 1.4 亩。

(五)移民搬迁

经过各级党委、政府、各有关部门及广大移民群众的共同努力,河南省南水北调丹江口库区试点移民新村建设于 2009 年 7 月 20 日基本结束。2009 年 8 月 16 日,省委、省政府在许昌市许昌县姬家营移民新村举行南水北调丹江口库区试点移民搬迁启动仪式,试点移民搬迁正式拉开序幕。截至 8 月 31 日,试点移民全部迁出库区,在安置地开始了新的生活,实现了顺利搬迁、平安搬迁、和谐搬迁的工作目标。搬迁期间,迁安双方累计协调组织搬迁车辆 2 500 余辆,组织工作人员 3 600 多人,警力 700 余人,医护人员近 400 人,实际搬迁安置库区试点移民 2 606 户 11 114 人,其中集中外迁安置 2 572 户 10 986 人,投亲靠友 34 户 128 人。

(六)优惠政策落实

为搞好试点移民安置工作,省委、省政府相继出台了《河南省南水北调丹江口库区移民安置工作方案》、《关于南水北调中线工程丹江口水库移民安置优惠政策的通知》、《关于进一步加快推进南水北调丹江口库区移民安置试点新村建设的通知》,明确了移民新村建设、生产发展、就业创业、政策对接、精神文明建设和加大库区帮扶力度等 6 个方面的扶持措施,涉及 36 个省直部门,计划投入资金 6.6 亿元。各级各有关部门积极整合各种支农惠农资金,对移民安置进行帮扶,全力支持南水北调丹江口库区移民安置。迁安双方党委、政府和各部门也结合各自实际,陆续出台了具体帮扶政策和措施,为库区移民创造了更加宽松的发展环境。同时开展了送温暖、送文化下乡等活动,为移民搬迁过渡期提供基本的生活必需品;抽调干部组成包村工作组,实行干部联系户制度,与移民结亲结对,帮助安排临时生产生活;积极规划建设养殖、蔬菜大棚等农业项目,全方位开展技能培训,提高就业能力,帮助移民增强创收能力;认真筹办移民群众户籍迁移、党团关系办理、优抚政策衔接、学生转学等手续,实现平稳过渡。各种帮扶政策和措施的落实,保障了试点移民工作的顺利进行,让移民切实感受到了党和政府的关心和温暖。

第二节　试点移民工作的主要做法

丹江口库区移民是南水北调中线工程的重要组成部分,移民工作进展是否顺利,不仅关系到中线工程的顺利建设、关系到千家万户移民群众的切身利益,更关系到社会稳定大局。为了保障试点移民搬迁任务圆满完成,河南省委、省政府站在讲政治、讲大局的高度,举全省之力,始终把南水北调丹江口库区移民作为全省的大事来抓。

一、加强领导,落实责任

省政府专门成立了河南省南水北调中线工程建设领导小组,省长郭庚茂亲任组长,常务副省长李克,副省长张大卫、刘满仓分任副组长,省直有关厅局和有关省辖市政府主要负责同志任成员。之后,又专门成立了河南省南水北调丹江口库区移民安置指挥部,省委副书记陈全国任政委,副省长刘满仓任指挥长。指挥部下设办公室,并成立 6 个组,负责移民安置的日常工作。领导小组和移民安置指挥部定期召开会议,研究统揽全局的有关重大事项。南水北调工程开工伊始,徐光春书记就提出了要"以改革的精神、发展的思路、创新的方法,把移民工作做细做好"的明确要求;郭庚茂省长 2008 年 4 月甫一上任,就提出了"以人为本、统筹兼顾、逐级负责、加强领导、严格管理"的工作原则。徐光春书记、郭庚茂省长和陈全国副书记多次主持召开省委常委会、省政府常务会、省长办公会及移民安置方案优化整合、实施规划编制、移民安置对接和包县工作组等各种专题会议,研究部署库区移民的有关事宜;多次出席丹江口库区移民安置动员大会,并做了重要讲话;多次亲临移民征迁一线,实地调研,安排部署;多次做出重要批示,提出明确要求,寄予殷切期望。省移民安置指挥部、省南水北调办、省政府移民办领导亲自带队,进驻库区和安置区现场调查研究、协调部署,时刻掌握和驾驭试点移民搬迁工作全局,为省委、省政府当好参谋、助手。各市县党委、政府主要领导对移民搬迁工作亲自动员、亲自部署,始终坚持深入实际、靠前指挥。省、市、县各级政府间还层层签订了移民安置工作责任书,使移民安置工作做到事事有人管、人人有事干、件件有落实。全省上下形成了"领导抓、抓领导"、目标一致、齐心协力的崭新工作局面。

二、广泛宣传,营造氛围

移民工作群众性、社会性强。群众利益无小事,群众利益最直接、最迫切、最根本。只有解决群众的后顾之忧,群众才有搬迁安置的动力,才能主动配合我们的工作。要坚持"移民未动,宣传先行",形成强大的舆论攻势,营造浓厚的社会氛围,让群众了解移民政策,支持工程建设,依法维护权益。2008 年以来,省委、省政府先后隆重召开各种层次、各种范围的动员大会、现场经验交流会、协调会,对移民新村建设和搬迁安置工作进行宣传动员、安排部署。省南水北调办、省政府移民办先后在《河南日报》、《大河报》专版刊登《南水北调中线工程在河南答记者问》、《河南省南水北调丹江口库区移民问题答记者问》、《抢抓机遇 乘势而上 加快我省南水北调配套工程建设进程》、《正确把握和处理丹江口库区移民安置工作中若干重大关系》等文章,并多次应邀到省委党校进行南水北调工作专场报告,全方位宣传南水北调工程建设和移民安置政策,努力营造全省上下重视、关心、支持和积极参与南水北调建设的良好氛围。为了满足丹江口库区移民宣传工作的需要,省委宣传部专门印发了丹江口库区移民工作宣传报道方案,将移民政策宣传报道任务分解落实到各级宣传部门和主流媒体。省移民安置指挥部办公室多次组织几十家河南省的主流媒体和中央驻豫媒体,集中采访报道移民工作动员部署、移民新村建设和移民搬迁情况,在全省乃至全国的 100 多家报纸杂志和广播、电视、网络掀起了铺天盖地的宣传高潮。只要库区移民有重大活动,新闻报道就有及时跟踪。一时间,移民迁安工作"报纸上有字、电视上有影、电台上有声",在社会各界引起了强烈的轰动效应。同时,各地也精心策划宣传方案,积极组织新闻单位,充分利用报纸、电视、广播、网络、宣传车、标语等载体,采取群众喜闻乐见的宣传方式和艺术形式,因地制宜、因人而异、有步骤、有重点、分层次地开展舆论宣传工作,努力把工作做在前、做上门、做到家、做到位,使广大干群对国家重点工程建设有更加深刻的认识,对移民工作的目的意义、政策措施做到家喻户晓、人人皆知,使广大干群明白"移民政策惠百姓","早搬迁、早受益",避免出现"你停一停想一想,我等一等看一看"的不利局面,使安置区干群理解移民群众"舍小家、顾大家"的高尚情操,体谅他们故土难离的复杂心境,形成充分理解工程建设、主动支持工程建设、积极服从国家安排、自觉服务移民群众的良好环境。

三、加强培训,提高水平

移民征迁工作政策性强、敏感度高,切实提高移民干部政策水平和工作能力至关重要。2008 年以来,先后举办了移民搬迁安置工作培训班、移民规划设计工作培训班、移民试点实施培训班、移民安置方案优化培训班、移民包县工作组业务培训班,省委、省政府领导和各方专家亲自讲解,介绍经验,传授方法。各有关市(县)也都采取不同形式对移民干部和各类移民工作组进行系统培训,使他们掌握了政策理论,提高了业务水平,明确了工作任务,熟悉了群众诉求。广大移民干部和包村包户人员以搞好移民工作为己任,以快速推进移民工作为骄傲,敢于负责,甘于奉献,干字当头,敢为人先,在工作中严格把握政策补偿界限,既赋予群众充分的知情权,理顺群众情绪,又力戒乱解释、乱许诺、乱表态、乱拍板、乱开口;坚持依法行政、依法移民,做到"一把尺子、一个标准、一视同仁",最大程度地保证移民群众的利益,在群众的理解与尊重中推动工作;坚持有情操作、文明办事,对移民群众高看一眼,厚爱三分,把执行政策的严肃性和解决问题的灵活性结合起来,使干群之间、党群之间少误会、多理解,少隔阂、多融洽,少矛盾、多团结,用细致入微的工作打动群众,靠体贴周到的服务感动群众;注重工作方法,讲究工作艺术,坚持先易后难,先党员干部、后村民百姓,选准突破口,示范带动,以点带面,各个击破;密切关注、及时掌握社会舆情和移民动态,妥善处理好各种矛盾纠纷和突发事件。

四、完善制度,规范行为

根据《南水北调工程建设征地补偿和移民安置办法》、《大中型水利水电工程建设征地补偿和移民安置条例》及国务院南水北调办有关工作制度,结合河南省实际,在充分调研、广征意见的基础上,省办先后制定了《河南省南水北调工程征地移民资金管理实施办法》、《丹江口水库农村移民安置实施工作细则》、《丹江口库区移民安置计划管理暂行办法》、《丹江口库区移民建设项目管理办法》、《丹江口库区移民安置工作督察办法》、《丹江口库区移民安置工作奖励办法》、省移民安置指挥部办公室各类工作制度、包县工作组纪律等,并相继出台了移民新村建设地基处理、质量安全、建房分户及缺口资金收缴、公益设施建设、移民户型选择、移民新村建设招标投标等有关规定,形成了比较完善的制度管理体系,做到了用制度管事、管人、管权,有效地规范了移民安置实施、监督检查、计划管理、建设管理等各项工作，促进了移民工作健康有序地开展。

五、出台政策，强化帮扶

贯彻落实国家移民政策，及时兑现补偿资金是做好移民搬出安置工作的基础，及时出台配套政策，建立长效帮扶机制，是尽快恢复和提高移民生产生活水平，实现“搬得出、稳得住、能发展、可致富”的重要保证。在号召移民群众依靠自己的聪明才智，自力更生，勤奋创业，避免出现等、靠、要思想倾向的同时，省政府印发了《关于南水北调工程丹江口水库移民安置优惠政策的通知》，对移民搬迁安置实行全方位倾斜政策，营造移民搬迁安置工作的宽松环境；省政府办公厅印发了《关于进一步推进南水北调中线工程丹江口库区移民新村建设的意见》，高起点定位、高标准筹划，把移民资金同新农村建设资金、各项支农惠农资金和城镇建设资金捆绑使用，做到“渠道不乱、用途不变、整合使用、各计其功”，力争把移民新村建设成为社会主义新农村的示范村，确保移民新村与原农居点相比，村容更整洁，生活更方便，环境更优美，社会更和谐。特别是今年，为了确保丹江口库区移民“四年任务、两年完成”，河南省委、省政府制订出台了《河南省南水北调丹江口库区移民安置实施方案》，明确了移民新村建设、生产发展、就业创业、政策对接、精神文明建设和加大库区帮扶力度等 6 个方面的扶持措施，涉及 36 个省直部门，计划投入资金 6.6 亿元。迁安双方党委、政府和各部门也结合各自实际，纷纷制定了具体帮扶政策和帮扶措施，为库区移民创造了更加宽松的政策环境。

六、科学组织，精心实施

移民安置工作涉及方方面面，是一项复杂的社会系统工程，且阶段任务要求严，时间节点刚性强，必须统筹规划，科学安排，精心组织，认真实施。移民试点工作中，注意突出工作重点，狠抓关键环节；狠抓移民安置对接，确保试点工作真正启动；狠抓新址征地和“三通一平”，为全面启动房屋建设创造条件；狠抓房屋基础建设，确保移民试点新村建设进度；狠抓房屋主体工程建设，确保按时完成新村建设任务。各地按照省委、省政府的要求，紧紧围绕移民试点工作目标和上述四个关键环节，制定计划，倒排工期，采取有力措施，克服重重困难，确保了各阶段移民试点任务的按时完成，掀起了一个又一个移民试点工作的新高潮。在移民住房建设进入扫尾阶段时，开始及早谋划、部署安排，用近 1 个月的时间认真筹划并制订了统一的试点移民搬迁实施方案，从指导思想、基本原则、方法步骤、职责分工、时间安排、搬迁路线选择以及各项保障措施等方面提出了明确要求。各市、县按照省里统一部署，均拿出了移民搬迁细化实施方案，并协调组织搬迁车辆 2 500 余辆，组织工作人员 3 600 多人，警力 700 余人，医护人员近 400 人，全力保障移民群众顺利搬迁，进而实现了试点移民集中搬迁“不漏、不掉、不伤、不亡一人”的目标。在移民搬迁车辆抵达目的地时各安置点还举行盛大的欢迎仪式，并由专人及时接应，引导入户。移民刚安家落户，就组织迁入地县、乡政府将装满油盐酱醋米面菜的“亲情大礼包”送到每家每户，保证 1 个月的生活需要，并为每户移民准备了蜂窝煤、煤火炉，有的还准备了棉被和崭新的床铺。对于五保户，及时安置在敬老院，对于个别病人，及时安置在当地医院就医。迁入地还组织县直各单位抽调干部 1 500 多人次组成包村工作组，与移民结亲结对，每个单位分包3~5户移民,帮助打扫卫生、搬运家具,安排临时生产生活。每户移民发放一张"结亲连心(帮扶联系)卡",包户干部和维修人员随叫随到,提供方便、快捷、周到的服务。从房屋修缮、水电安装、电器使用、起灶生火,到基础设施和公益设施完善等,都考虑周全,安排周到。教育、计生、民政、公安、农业、科技等有关部门,认真筹办移民群众户籍迁移、党团关系办理、优抚政策衔接、学生转学等手续,并及时开展技术培训,帮助移民开拓创收门路,实现平稳过渡。省移民安置指挥部还组织人员到移民新村督察暗访,督促相关部门认真落实上级制订的各项工作方案,科学组织,精心实施,切实保护移民的切身利益,让移民切实感受到搬迁的温暖,体会到党和政府的关心。

七、跟踪检查,奖优罚劣

在全面安排好移民安置工作的基础上,把信息报送、督导检查、奖优罚劣作为搞好移民安置工作的一项重要措施来抓,产生了明显的效果。高度重视移民安置信息交流,实行日报、旬报制度,掌握工作动态,及时发现问题,着力研究解决,促进了移民安置工作的健康快速发展。制定完善的督促检查办法和奖惩办法,为督促检查和奖惩提供政策依据,使督促检查和奖惩措施规范化、制度化。根据督促检查办法和奖惩办法,省政府办公厅和省政府移民办、省移民安置指挥部多次组织有关人员定期不定期地对全省移民安置工作进度、建房质量、项目管理、资金管理、优惠政策落实等进行检查,并根据检查结果,逐项打分,排定名次。根据检查评比结果,对先进单位大张旗鼓地实行重奖,对落后单位进行通报批评。在移民搬迁后,还及时组织暗访,对移民搬迁后续工作进行检查,充分体现党和政府对移民的关心和关爱。通过监督检查,明察暗访,严明奖惩,全省各地形成了你追我赶、争当先进的良好局面。对于移民群众,为了激励他们早搬迁、早安家,我们制定了移民建房搬迁奖励政策,对于提前完成建房和搬迁的移民,每人奖励2000元。在移民搬迁启动仪式上,移民搬迁奖励发放后,在移民群众中引起强烈反响,库区移民群众争先恐后,迅速掀起搬迁高潮。就连原来等待观望、安排在最后批次搬迁的部分移民,也提前加入了搬迁行列。

八、目标一致,形成合力

试点移民工作进入关键时期,40个省直部门参加了河南省丹江口库区移民安置指挥部,分工协作,密切配合;25个省直部门成立包县工作组,一名实职副厅级干部亲自带队,150多名队员与原单位工作脱钩,常驻移民迁安市(县)开展工作,移民搬迁安置工作不结束不撤回;28名从省直部门抽调的工作人员在省南水北调丹江口库区移民安置指挥部办公室集中办公,承担起全省丹江口库区移民迁安工作的协调组织、督促检查和日常服务任务;6个省辖市25个县(市、区)从各单位抽调精兵强将,组成移民工作组,进村入户,全力帮扶;迁安双方互派工作组,互派联络员,迁安任务重的乡(镇)还互派干部到对方任职;规划设计、工程监理和移民监测单位各负其责,齐心协力。大家同唱一台戏,共奏一支曲,在全省上下形成了一个令人振奋的、精心协作的联动机制。省移民安置指挥部办公室、省文明办和交通部门联合印发了开展移民文明搬迁的通知,确保移民搬迁车队一路绿灯。各高速公路服务区为移民群众免费分发饮水和食品。各收费站点不仅免费通行,还张贴标语，列队欢迎。省公安厅专门召开会议，协调各单位沿途巡逻，确保车队安全。省卫生厅专门下发通知，组织各地派出救护车辆和卫生医疗队跟踪保障。各县（市）公安局等部门主要领导亲自带队进村入户维护治安，并跟随车队一路护送。进驻库区和试点移民安置区的11个省直单位包县工作组，均由组长带队全力协调配合。与此同时，各市（县）成立了专门的移民搬迁指挥部，迁入地为主、迁出地配合，呈现出了前所未有的沟通协调与密切合作局面。迁入地主要负责车辆组织、沿途安全、医疗保障、饮食安全和迎接安排等工作，县、乡分管领导带领车辆和搬迁服务队，进驻库区迎接移民群众，每车每户都安排有引导员。市、县、乡党委、政府主要领导在移民新村迎接移民到来。迁出地市、县、乡领导带队在库区进行宣传动员，修缮道路，维护治安，协助迁入地帮助移民群众搬运家具、装载车辆，并组织仪式欢送移民。迁安双方既明确分工，又密切配合，包括如何护送、如何处置应急事件、如何保障老幼病残一路安全、如何为移民提供亲情服务等，都分工落实到单位、落实到个人，使整个搬迁工作忙而不乱，紧张有序。

第三节　试点移民工作的实施效果和启示

一、试点移民搬迁实施效果

河南省南水北调丹江口水库移民工作充分体现了科学发展观的总体要求，试点移民搬迁后，生产生活条件均较搬迁前有了大幅度的改变与提高，初步实现了“搬得出、稳得住、可发展、能致富”的目标。

（一）农业生产条件有了较大提高

试点村移民搬迁前人均耕地0.61亩，其中旱地0.60亩、园地0.01亩。移民搬迁后，人均耕地1.19亩，其中水田、水浇地、菜地0.63亩，旱地0.56亩。同时，安置区在现有水利设施的基础上，进一步完善了水田、水浇地的田间配套设施，实施了田、林、路的综合治理，耕地全部达到了机械作业的条件。

（二）群众居住环境实现全面改善

搬迁前大部分的移民房屋为土木结构，搬迁后全部为砖混结构，通风、采光条件也大大优于从前，人均住房面积由原来的20.9平方米提高到33平方米；实现了安全、规范的集中饮用水供应，自来水供应率由搬迁前的44%提高到100%；道路硬化实现“户户通”；有线电视覆盖率由搬迁前的平均水平10.4%提高到100%。居民点水、电、路、通信、绿化、环卫等基础设施均已配套。

（三）社会公益事业超前建设

按照社会主义新农村标准，学校、村部、卫生室、超市、文化大院、幼儿园等一应齐全，与搬迁前相比，就医、就学条件得到极大改善，环境卫生设施齐全，管理到位，村容村貌干净整洁，移民村已成为当地新农村建设的示范村。

（四）农村剩余劳动力培训就业取得初步成效

搬迁后，各级政府因地制宜、因人而异开展移民技术培训和劳务输出，分期分批举办了电子、农业、汽车驾驶等技能培训班，培训费用全部由政府承担。

（五）社会保障机制不断完善

移民搬迁后，各地政府及时开展了移民户口、身份证、党团关系、新农合、农村低保等有关手续办理，目前已全部办理完毕。对于移民中的弱势群体，除享受移民相应的优惠政策外，政府还应给予特别关注和支持，鳏寡孤独老人入住敬老院，生活困难家庭符合条件的全部纳入低保，为移民解除后顾之忧。

（六）社会帮扶支援开创良好局面

在号召移民群众自力更生、勤奋创业的同时，省委、省政府先后出台了一系列优惠帮扶政策，对移民搬迁安置实行全方位倾斜，把移民资金同各项支农惠农资金和城镇建设资金捆绑使用，加大对移民新村建设的投入力度。省政府明确了移民新村建设、生产发展、就业创业、政策对接、精神文明建设和帮扶库区 6 个方面的扶持措施，涉及 36 个省直部门，计划投入资金 6.6 亿元。各级党委、政府和各部门也结合各自实际，制定了具体帮扶政策和措施，为库区移民创造了更加优良的政策环境。

二、试点移民工作的体会

试点移民工作之所以能够取得圆满成功，从工作推进上，得益于省委、省政府的正确领导和各级各部门的大力支持、密切配合。从具体操作上，得益于河南省坚持把科学发展观作为主线贯穿移民工作始终，坚持以人为本，正确处理眼前任务和长远发展、全局利益和群众利益的关系，绝不以损害移民利益求得快速搬迁，绝不以扩大社会矛盾求得快速搬迁，绝不以增加历史欠账求得快速搬迁，最大限度地得到移民的理解和支持，从而保证了移民工作的顺利进行。总结试点移民工作，主要有以下五个方面的启示。

（一）领导高度重视是搞好移民安置的保障

任何一项工作，领导重视是根本保障，正是由于领导的高度重视，丹江口库区移民工作才能广泛动员各方力量、有机整合各方资源、充分调动各方积极性，保障工作高效有序地开展。省委、省政府把丹江口库区移民工作作为全省十项民生工程之一，主要领导高度重视、亲自指导、多次批示，分管副省长刘满仓和有关部门领导更是经常亲自深入一线指挥、督导、协调。地方各级党委、政府把移民工作作为“一号工程”和“一把手工程”来抓。省直有关厅局支持服务南水北调移民的积极性和主动性也大大提高，例如：省交通厅在移民搬迁期间，不但为移民搬迁免除路桥费，还为移民免费提供饮用水和食品，省民政厅不但为分包试点村移民送去了米、面、油等日常生活用品，还为每户移民赠送一台洗衣机，类似的例子不胜枚举。

（二）科学编制规划是搞好移民安置的前提

充分借鉴以往水库移民搬迁安置的经验教训，始终坚持以人为本、实事求是、科学发展的原则，科学制订安置规划。在安置方案确定上，突出了以大农业安置为主，确保移民长治久安；在居民点选择上，坚持“三边”原则，使居民点尽量靠近主要道路边、城集镇边、产业集聚区边，方便移民的生产生活，为移民致富发展创造条件；在规划生产用地上，严格执行人均水地 1.05 亩或旱地 1.4 亩的标准，并规划相应的农田水利工程，改善生产条件，增加粮食产量；在基础设施建设上，对交通、电力、供水方案等进行详细勘察设计，反复论证，保证移民安置方案可行可靠。从试点移民规划的 12 个安置点看，其土地条件、交通条件、水利条件，以及地区经济发展水平都比较好，为顺利开展试点移民安置工作打好了基础。

（三）以移民为中心、让移民得实惠是搞好移民安置的根本

妥善安置好移民、维护好移民群众利益是工程顺利建设和社会和谐稳定的前提条件，是关注民生、以人为本的具体体现。丹江口库区移民工作开展以来，坚持以移民为中心、让移民得实惠这一指导思想，以省委、省政府的名义制定出台了一系列扶持政策措施，整合各方面资源，引导各级各有关单位结合职责分工和工作实际，细化落实帮扶政策，加大帮扶力度。各级移民干部和移民迁安工作组长期深入基层，履职尽责。基层村两委积极组织动员，充分发挥战斗堡垒作用，迁安组织坚守一线，充分发挥协调沟通作用。规划设计、工程监理和质量监督单位各负其责，齐心协力。全省上下一盘棋，"移民为国做贡献，我为移民服好务"已经成为各级各部门及广大群众的共识，让移民切实感受到了党和政府的关心和温暖。

（四）充分发动和依靠移民群众是搞好移民安置的关键

只有广泛发动、充分依靠移民，让移民的主体作用得到充分发挥，才能保证移民安置工作的顺利开展。坚持把宣传发动贯穿始终，充分利用广播、电视、报纸、网络等媒体，向库区移民群众及社会各界广泛宣传南水北调工程建设的重大意义，宣传移民搬迁的目的和作用，宣传移民群众"为大家、舍小家"的奉献精神，宣传移民安置政策。在移民搬迁前，各级各部门组织人员，深入群众，倾听移民的心声，为其答疑释惑，并最大限度地满足他们的合理要求；在新村建设过程中，充分尊重移民的意愿，在安置点选择、户型选择、搬迁方式等方面广泛征求、积极采纳移民的合理化意见和建议，房屋建设、土地划拨、补偿兑现等过程都有移民代表全程参与监督，确保阳光公正；在移民群众搬迁后，各地和有关部门及时提供全方位跟踪服务，广泛征求移民群众的意见，积极帮助移民村发展经济、开展移民技能培训，确保移民搬得出、稳得住。这些充满了亲情服务、人文关怀的措施，得到了移民的拥护和称赞，促进了移民工作的顺利开展。

（五）建立科学奖惩督导机制是搞好移民安置的有效手段

只有建立起严格的监督检查机制和必要的激励机制，才能使各级各部门切实增强工作的责任感、紧迫感，才能充分调动移民早搬迁、早安置的主动性和积极性。移民安置工作过程中除印发简报外，还实行日报、旬报制度，时刻掌握工作动态，及时发现和解决问题。制定完善了有关督促检查和奖惩办法，定期不定期地对全省移民安置工作进度、建房质量、优惠政策落实等进行检查，并排定名次，表彰先进，鞭策落后，先后进行了 5 次督察暗访和 3 次评比奖励。对于提前完成建房和搬迁的移民，每人奖励 2 000 元，并在移民搬迁启动仪式上当场发放，在移民群众中引起了强烈反响。通过这些措施，全省各地迅速形成了你追我赶、争当先进的良好局面。

第九章　大规模移民外迁安置的宣传发动

思想是行动的先导,要在两年时间内完成16.2万丹江口库区移民搬迁任务,实现这一前无古人的历史壮举,不仅需要党委、政府的坚强领导,需要有关部门和各级干部的全力投入,更需要广大移民群众和全社会的理解和支持。大移民需要大氛围,大氛围要靠大动员,搞好宣传发动工作,营造"移民为国做贡献,我为移民服好务"的浓厚氛围,是实现丹江口库区移民工作"四年任务、两年完成"目标的前提条件。

第一节　外迁发动工作面临的形势

移民工作号称"天下第一难",难就难在移民的思想工作难做。在中国人的文化传统中,"穷家难舍,故土难离"的观念根深蒂固。丹江口库区移民是非自愿移民,祖辈居住在淅川这片青山绿水之间的数十万农民群众,为了国家利益,背井离乡,做出了巨大的牺牲,他们损失的不仅是财产、企业、房屋等物质财富,更要被迫舍弃感情深厚的父老乡亲,离开每年祭拜的祖先故坟,割裂多年营造的人文亲情,迁离故土,搬到一片陌生的、前景未知的土地开始生活,其难度可想而知。"思想不通,万事难行",能否做好思想工作,理顺群众情绪,是移民工作能否顺利启动的关键。

一、丹江口库区移民的心理特点

新时期的丹江口库区移民,有着"思想多元化,诉求多样化,矛盾复杂化"的特殊性,要做好移民的思想发动工作,必须要了解丹江口库区移民存在的思想问题,了解他们的担忧和疑虑,了解他们的诉求和需要,才能有针对性地开展工作。河南省在前期做了大量调查研究工作,认为丹江口库区移民群众的心理思想有积极和消极两个方面:

正面心理是指移民群众能够顾大体、识大局,知道个人利益应服从国家利益。丹江口库区移民有着光荣的历史传统,为建设丹江口水库,并保护这一库清水送京津,淅川人民付出了巨大的努力和牺牲。在那个国力贫弱、民生艰辛的年代,淅川县数万干部群众高喊着"丹江不北流,誓死不回头"的口号奋战在工地上,他们自带口粮铺盖,喝的是泥巴水,吃的是红薯干,点的是煤油灯,住的是油毛毡。开山铺路,炸石运料,拦江筑坝,一切都靠民工的血肉之躯,人拉肩扛。成千上万个家庭演出了一幕幕"全家老小齐上阵,妻子送郎上战场"的感人场面。淅川的资源消耗殆尽,所有公社、大队都掏空了家底,广大干部群众用无数鲜血和汗水换来了丹江口水库初期工程的竣工,仅淅川县就有49人为修建大坝而献出了宝贵的生命,98人受伤终身致残。南水北调工程利国利民、深得人心,淅川的移民群众理解南水北调,支持南水北调,这是南水北调丹江口库区移民工作能够开展的前提。

但是在群众中也普遍存在较多的消极思想问题,工作稍有不慎就会引发群体事件和突发事件，造成社会不稳定，外迁宣传发动工作面临的形势不容乐观。丹江口库区移民的消极思想问题主要有以下几个方面：一是对未来普遍担忧的思想；二是对搬迁安置的期望值过高；三是移民对政府存在着依赖思想；四是部分移民对政府的不信任思想。做好外迁移民的宣传动员工作，最主要的就是要克服移民消极思想对工作的阻碍。

二、移民消极思想形成的原因

造成移民消极思想问题的原因是多方面的，找准问题根源才能对症下药。经过认真的分析和研究，主要原因在于以下几点。

（一）过去"重工程，轻移民"的指导思想让移民对外迁安置前景心有余悸

丹江口水库初期工程兴建于20世纪50年代，共计动迁20.2万人，有的远迁到青海、湖北等地，有的多次搬迁，淅川县仓房镇沿江村的群众就搬迁了七次之多。当时由于受"重工程，轻移民"的思想影响，未充分考虑环境容量和生产发展，安置补偿标准过低，对移民直接补偿费仅7 070万元，人均仅500多元。移民搬迁后，没有安家费和基本生产生活资料，面对的是恶劣的生存环境和困难的生产条件。由于正值特殊历史时期和自然灾害影响，当地政府也没有能力对移民进行更多的生产扶持。怀着"支援国家建设，重建美好家园"愿望的移民群众，住的是自己搭建的四面漏风的简易房屋甚至窝棚，种的是砂砾遍地、荒无人烟的贫瘠耕地，承受着一年四季的恶劣天气，欲哭无泪，怨愤满腹。在当地生活不下去的移民成群结队，带着仅有的干粮和单薄的衣服行李，千里返迁。据统计，至1959~1960年，先后远迁青海省的淅川县移民22 342人，至1961年1月就返回11 052人，在当地和返迁途中，因饥寒病痛等各种原因死亡4 500余人，病者人数更多。

尽管后来政府又多次为返乡移民下拨经费解决困难，对死亡或伤残的移民发放了抚恤补助，并对返乡移民进行了再次外迁和后靠安置，但大量移民遗留问题至今没有解决。过去移民留下的惨痛记忆和深刻教训，对老移民至今阴影难消，对新移民来讲也是顾虑重重。更何况在将要动迁的移民中，有1/3是初期工程的老移民。安置的条件怎么样？到外地怎么生活？生活不下去怎么办？成了移民群众普遍担心的问题。部分移民出现抵制搬迁的情绪，甚至喊出了"宁死淅川，不去外地"的口号。淅川县大石桥乡西岭村共有3100多人，是一个远近闻名的大村，移民搬迁动员工作开始后，这个村出现少数村民采取过激行为抵制搬迁。工作人员进村做工作，轻则遭受谩骂，重则施以人身攻击。有一次更是将工作人员围困在一所房子里，限制人身自由。村级党组织已完全瘫痪，县委派出的工作队根本进不了村。

（二）淅川县库区移民长期以来做出的巨大牺牲使移民的期望值过高

在库区移民安置上，由于不顾环境容量盲目后靠，淅川县内后靠自安12.6万人，由于初期工程移民安置欠账太多，移民最基本的生产生活资料尚未得到妥善解决，移民生产生活条件改善和发展受到严重制约。从调查情况看，库区移民主要靠消落地生活，土地资源占有量很少，人均耕地仅0.65亩，自行开垦的耕地中山坡和丘陵地占70%以上，由于耕地质量差，缺乏灌溉条件，粮食产量低而不稳，移民生产生活条件极其艰苦，2007年全县移民人均纯收入仅2 600元，其中人均纯收入625元以下的有3.98万人，不少仍生活在极度贫困线以下，与改革开放后带来的高速经济社会发展形成了巨大反差。

同时,受兴建南水北调中线工程的影响,为了保护水质安全,国家、集体和移民群众在库区大量减少基础设施投入,他们不能盖房修路,不能办工厂搞企业,不能搞庭院经济。据姚湾村委会主任姚百朝介绍,从20世纪90年代初至今,20年来全村没有几家盖新房。村里的房屋将近一半是土坯房,相当一部分翻修了一次又一次,不少都成了危房。在许多紧挨库区的村庄都是如此。据统计,库区移民房屋危房、险房率达95%。淅川县委书记袁耀生形象地说,库区老百姓堪称"中国最后的原始部落",村民一听房子响,赶紧往外跑。每逢刮风下雨,从县领导到乡(镇)干部,都心惊肉跳睡不着觉,生怕塌房子砸死人。

多年的困窘生活,多年的期盼,使移民群众希望通过搬迁改善生产生活条件的要求十分强烈,由此对安置政策、安置条件产生了一些过高的、不合实际的期望,对安置工作的开展造成了很大的困难。

(三)长期以来"等、靠、要"的思想使移民群众对政府依赖心理过重

随着时代的发展,党和政府对水库移民工作越来越重视,近年来小浪底、三峡工程等大型水利设施的建设,也使全社会了解到了移民为国家做出的巨大牺牲和奉献,对水库移民安置被摆在了前所未有的重要位置。多年来,国家给予了大量的扶持政策。2006年5月国务院印发了《国务院关于完善大中型水库移民后期扶持政策的意见》(国发〔2006〕17号),明确规定从2006年7月1日起,对全国大中型水库农村移民进行20年的后期扶持,每年每人600元。河南省在此基础上,提出了"一库一策,改善民生,分步处理"的工作思路,以扶贫为中心,解决热点难点问题为突破口,推动遗留问题的逐步解决。先后制定了《河南省人民政府关于印发<河南省完善大中型水库移民后期扶持政策实施方案>的通知》和《河南省大中型水库库区和移民安置区基础设施建设和经济发展规划项目管理办法(试行)》等一系列移民后期扶持配套文件;先后编制了《大中型水库移民后期扶持规划》和《大中型水库库区和移民安置区基础设施建设与经济发展规划》2个五年规划,作为移民后期扶持资金和年度项目实施的依据。仅2008年用于大中型水库移民集中安置村项目扶持资金就达10 032万元,每年还要对项目运行情况进行跟踪问效,确保每分钱都用在实处,真正让移民得到实惠。

长期以来的重点帮扶,改善了移民的生产生活,但也使部分移民滋生了"等、靠、要"的不良思想,缺乏自我发展的意识。库区消落地土地肥沃,水产丰富,居住在库区边的移民长期从事农、渔业,生产方式简单粗放,使部分移民养成了怕吃苦、怕受累的生活习惯,而安置地大部分不以土地为主要收入来源,而是主要依靠工业、第三产业,收入高,劳动强度也大,使许多移民群众短期内难以适应。出现了搬迁后,当地群众求之不得的工作机会,部分移民却嫌累怕苦轻易丢弃。

(四)对安置政策的不了解及对部分干部作风的不满意引起移民对政府有不信任心理

部分移民对政府的不信任心理的原因是多方面的,最主要的一是对现行移民安置政策的不了解,二是因长期以来的历史遗留问题得不到解决和现在社会上的不正之风,对干部作风不满意。

对过去移民的惨痛记忆,再加上对现行安置政策不了解甚至有误解,造成部分移民害怕政府糊弄群众,认为政府用虚假的宣传和花言巧语,只是要达到把移民"搬得出"的目的,让移民一走了事。

长期以来,受工程建设影响,库区移民村基础设施和各项社会事业发展非常缓慢,库区人心不稳,基层干部尤其是村组干部缺乏干事创业的动力和条件。尤其是库区村大部分基层组织软弱涣散,在需要搬迁的村中有三分之一属于三类村,基层组织管理基本处于瘫痪状态,村里的历史遗留问题长期得不到解决,村干部、群众之间拉帮结派,互相攻击,矛盾复杂。部分基层干部作风简单粗暴,不善于解释政策、做群众工作,个别人甚至利用后期扶持、核定移民人口、登记财产之机,弄虚作假,照顾亲朋甚至收受贿赂、借机敛财,在库区移民中造成了极坏的影响,使部分群众对政府持不信任甚至抵触情绪。在搬迁后,举报虚假移民、要求清查村组账目、举报村干部经济问题等成为上访的热点,在一定程度上是移民不信任心理的延续。

第二节　移民机构宣传工作开展情况及效果

针对移民的思想特点,各级政府有针对性地开展宣传发动工作,做到"移民未动,宣传先行",形成强大舆论攻势,让群众了解移民政策,支持工程建设,依法维护权益。

一、移民机构宣传情况

一是答疑解惑大力宣传移民安置政策。省政府移民办编写了移民安置政策宣传提纲,对有关移民补偿、补助、安置、建设等方面的政策,进行了全面详细的解读,免费发给每户移民,各有关地方调动各方力量,通过报纸、电视、广播、网络、标语等不同的宣传途径,大力宣传安置政策。南阳市还组建移民政策、法律法规培训与宣传讲师团,分阶段、分批次对驻村队员、乡村移民干部进行培训,培训人数上万名。这些受过培训的基层干部进村入户,耐心细致地对移民宣讲政策、解答疑问、消除顾虑,使移民对安置政策做到家喻户晓、人人皆知。

二是以实动人,大力宣传安置地的实际情况。一方面各安置地市、县精心设计宣传版面、彩页、宣传册、专题片等有关资料,组织宣讲团赴淅川县,向移民群众介绍安置点的基本情况,推介安置地的区位优势、资源优势、发展优势及安置地对移民的相关优惠政策,让移民对安置点情况进行全面了解;另一方面对安置点进行简单整理后,分批次组织移民代表赴安置点实地察看,让移民眼见为实,并借此机会深入了解移民对安置点的意见和建议。在安置工作开展过程中,各安置地又多次到淅川县向移民群众介绍安置工作开展情况,取得移民的信任和支持。通过积极主动的沟通工作,移民群众对安置前景有了充足的信心,也拉近了安置地各级干部与移民群众的心理距离,迁安双方更加和谐,为安置工作的顺利开展打下了良好的基础。

三是以理服人,教育和引导移民树立正确的思想观念。河南省由省委宣传部和省文明办牵头,在移民群众中大力开展精神文明创建活动,一是开展好农民、好党员、好干部和好婆婆、好媳妇、好妯娌等文明个人的创评活动,树立一批先进典型,用典型的力量影响和带动移民提高综合素质;二是开展十星级文明户、文明信用户、文明卫生户等文明农户创评活动,完善农村精神文明建设的细胞工程,寓教于评,以评促创,促进移民践行家庭美德,实现家庭文明;三是着力开展"迁安移民文明村"和"移民迎送亲人文明县乡"活动,推动了迁安移民工作顺利开展。南阳市在移民群众中深入开展“六知教育”(知荣、知耻、知法、知德、知足、知恩),组织“六讲八对比”(讲意义、讲大局、讲形势、讲政策、讲法制、讲安置地的奉献,比土地、比区位、比补偿、比规划、比补助、比发展环境、比发展前景、比过去的移民政策)宣传活动,引导移民开展“四看”(看党对移民的恩情重不重、看国家对移民的各项优惠政策好不好、看搬迁后的变化大不大、看自己知足知恩意识强不强),在广大移民中叫响“舍小家,顾大家,我为国家做贡献”的口号,用真心、动真情、说真话、办实事,温暖移民,感动移民。同时,教育引导广大移民知荣明耻、遵纪守法、遵守道德、知足感恩,对移民安置工作良性发展起到了重要的促进作用。

四是以情感人,增强移民对政府的信任和理解。移民的思想情绪复杂多变,敏感多疑,要争取移民对政府工作的信任和配合,最需要的是心与心的真诚沟通,人与人的换位思考。河南省对各级移民干部提出:“要当好移民群众的贴心人,视百姓为父母,把移民当亲人。”作为全省唯一迁出地的淅川县,移民部门和有关乡镇干部们翻山越岭,走村串户,挨家做工作,搞动员,解纠纷,排疑难。有的移民一上来门都不让进,就一而再、再而三地登门拜访,直至移民被感动;有的受到不明真相的群众围攻甚至谩骂殴打,也打不还手、骂不还口,而是苦口婆心、耐心解释;有的连续工作,最后嗓子累得无法说话,只能依靠手势和手机短信沟通。在实际工作中,当地创造出了许多符合实际的先进经验。例如南阳市总结出“六到户”工作法,即“政策宣讲到户、干部走访到户、问题解决到户、矛盾调解到户、议题公示到户、群众评议到户”;在涉及移民搬迁的重大问题上,坚持阳光操作,做到“五公开”,即公开移民补偿对象、公开补偿内容、公开补偿标准、公开补偿金额、公开办事程序,维护好、落实好移民的合法权益。使移民真正感受到各级党委政府对移民的真心关怀和温暖。

二、工作成效

通过各级部门和广大移民干部耐心细致的工作,移民群众对南水北调中线工程搬迁,由怀疑到接受,由误解到信任,由被动地“要我搬”变成了主动地“我要搬”,彻底扫除了移民搬迁的思想障碍。

大石桥乡郭家渠村移民李××所在村被安置在邓州市林扒镇安置点,起初,他听信别人的传言,认为那个安置点离集镇远,办事不方便,土地质量差,一心担忧往后生活咋过,为此他多次带领部分群众到县里上访,向移民局领导喊冤,就是不愿外迁,此举也影响了村里大部分移民的情绪。为了做通他的工作,当地政府派专人几次三番主动上门,和他拉家常、讲政策,并找遍了能和李××说上话的人,村干部、亲戚、邻居等,先后找了 50 多个人给他做思想工作。镇政府领导还亲自陪着李××和其他移民,到安置点去实地考察,从吃、住、行等方面让李××等人亲自感受,并且特意让他们走进农田,看土质,看庄稼长势。所听、所见、所感,终于让李××等人放下了心,欣然同意搬迁,不仅如此,回去后,他们还主动向群众宣传政策和安置地条件,以自己的真实经历说服群众,带动了整个村的顺利搬迁。

李××的故事只是库区移民工作的一个缩影,在淅川县的各个移民村、组,同样的事情不胜枚举,群众的心宽了、气顺了、理平了,对搬迁政策了然于心,对安置地条件放心满意,对搬迁后的生活前景充满信心,移民外迁的愿望和热情空前高涨,为移民大搬迁的顺利开展打开了一条心理上的康庄大道。

第三节 社会舆论宣传发动情况及成效

丹江口库区移民迁安是三峡大移民后最大的“国家行动”,要完成移民搬迁安置目标,必须实现两个“转化”,即把移民迁安由移民部门的事转化为各级政府的行为,由各级政府的行为转化为全社会的行动。为了实现这两个“转化”,营造全社会关注移民、支持移民、服务移民的浓厚氛围,整合社会资源,帮助移民尽快融入新的环境,社会舆论的宣传发动工作就显得至关重要。

一、做好社会舆论宣传发动的重要意义

(1)做好社会舆论宣传发动工作,有利于移民安置工作的顺利推动。由于丹江口库区移民安置工作时间紧、任务重,单依靠移民部门的力量,只能说是杯水车薪,搞好丹江口库区移民安置,迫切需要各级党委政府的高度重视和强有力的推动措施,需要各级有关部门的无私支持和全力配合,把移民安置工作提到重要日程,切实统一思想、抓紧抓好,达到心往一处想,劲往一起使,整合资源,合力攻坚,共同完成丹江口库区移民安置工作任务目标。

(2)做好社会舆论宣传发动工作,有利于增强各级有关部门的主动性和改进干部的工作作风。移民工作是一项综合性、系统性极强的工作,公安、民政、交通、卫生等各级有关部门都是移民迁安工作的重要参与者,在移民工作中起着十分重要的作用,搞好社会舆论宣传发动工作,使各级部门充分了解移民工作的重要性,充分了解移民工作的实际需要,从而能够更主动、更有针对性地出台政策,支持移民工作。各级有关部门的广大干部是移民工作的具体执行者,他们的工作能动性和工作作风直接影响到移民工作的成效。只有加强对移民社会舆论宣传发动,增强他们做好移民工作的自觉性,克服一些干部在工作和困难面前存在的态度生硬、方法简单、推诿敷衍等作风问题,使他们以饱满的热情、积极的态度、奉献的精神全身心地投入到移民工作中,才能把移民外迁工作做好、做细、做实,顺利完成外迁移民任务。

(3)做好社会舆论宣传发动工作,有利于安置地长治久安。移民为国家工程建设做出了极大牺牲,由库区迁到外地安置,原有生产、生活方式,经济结构和利益格局发生了显著的变化,产生一些思想问题在所难免。有的担心在新环境中人地生疏,得不到当地居民的尊重,甚至受到歧视;有的担心生产、生活中的具体问题得不到解决;有的担心有关政策不能兑现,补偿资金等应得的利益被侵犯;有的担心安置后择业无门,致富无路,生活困难,个别移民搬迁后存在“特殊公民”思想。不仅如此,河南各安置区人民也为妥善安置移民做出了重大贡献和牺牲,为移民调整土地、解决就业,也同样对当地群众造成了极大地影响,有些对移民搬迁到本地存在抵触思想,认为是挤占了当地资源,减少了自己的就业门路。稍不注意,移民就会与当地群众造成矛盾纠纷,影响社会大局稳定。在合理解决移民实际问题的同时,做好社会舆论宣传发动工作,有利于让安置地干部群众更加理解移民,更加积极主动为移民提供贴心周到的服务,让移民能够感受到“他乡即故乡”的亲情

和温暖,更容易融入当地社会,走上正常的生产生活轨道,确保长治久安。

二、社会舆论宣传发动工作情况

为了搞好社会舆论宣传发动工作,省委、省政府先后隆重召开"南水北调丹江口库区移民安置动员大会"等一系列会议,对移民新村建设和搬迁安置工作进行宣传动员、安排部署。省移民安置指挥部办公室先后在《河南日报》、《大河报》专版刊登《南水北调中线工程在河南答记者问》、《正确把握和处理丹江口库区移民安置工作中若干重大关系》等文章,全方位宣传南水北调工程建设和移民安置政策,努力营造全省上下重视、关心、支持和积极参与移民安置的良好氛围。多次组织几十家河南省的主流媒体和中央驻豫媒体,集中采访报道移民工作动员部署、移民新村建设和移民搬迁情况。同时,各地也精心策划宣传方案,积极组织新闻单位,充分利用采取各种群众喜闻乐见的宣传方式和艺术形式,开展舆论宣传工作。

在宣传工作中,河南省突出重点、多管齐下,大力宣传以下几个方面的主要内容。

(一)宣传南水北调的重大意义

一是重点宣传南水北调工程是迄今世界上最大的水利工程。工程的建设和完工,对于缓解我国北方地区水资源短缺局面,改善生态环境,提高人民群众生活水平,增强综合国力,都具有重要意义。二是重点宣传河南省既是南水北调中线工程重要的水源地又是重要的受水区,30多亿立方米的受水量,将造福1亿河南人民。同时南水北调中线工程投资巨大,国家拿出240个亿,解决河南省16.2万移民的迁安问题,这对河南来说是一次千载难逢的发展机遇,必将有效拉动河南省经济增长。三是重点宣传南水北调中线工程沿线自然资源和人文资源丰富,必将有利于促进旅游产业的发展;沿线两岸垃圾处理、污水处理等环卫设施不断完善,必将有利于沿岸生态环境的修复和保护。使全社会自觉、主动地拥护南水北调工程,支持移民搬迁安置。

(二)宣传库区移民舍小家为大家的重要贡献

通过广播电视、宣传简报、宣传栏、互联网、宣传版面等各种传播渠道,大力宣传库区移民几十年来为国家建设做出的巨大牺牲,大力宣传库区移民顾全大局、舍家搬迁的高尚情怀,大力宣传搬迁中移民的先进典型和代表,以生动鲜活的人物和事例,让全社会掀起了理解移民、尊重移民、爱护移民、服务移民的高潮。

(三)宣传移民工作的先进典型和先进事迹

在移民迁安工作中,广大移民干部艰苦工作、无私奉献的先进事例,比比皆是,感人肺腑。精心选取移民工作中可歌可泣的干部典型和先进事迹,通过各种宣传渠道,大力宣传他们的奉献精神、坚强作风、艰苦拼搏,通过先进人物带动人,通过先进的事迹鼓舞人,通过先进的精神激励人,不仅提高了整个移民干部队伍的士气和决心,也赢得了社会各界的尊重和支持。

三、工作取得成效

在强势、高效的宣传动员下,省市有关部门和各级干部对移民工作的目的、意义、政策措施有了更深刻、更高层次的认识,把做好移民工作自觉上升为一种神圣的责任和义务,广大安置区群众充分理解了移民群众“舍小家、顾大家”的高尚情操，体谅了他们故土难离的复杂心境，形成了充分理解工程建设、主动支持工程建设、积极服从国家安排、自觉服务移民群众的良好氛围。

为了全面实现移民搬迁“搬得出、稳得住、可发展、能致富”的目标，25个省直单位派出包县工作组，进驻移民迁安县(市)，与当地党委政府和移民干部一起协调督促移民迁安工作，帮助解决了移民工作中的大量困难和问题。各有关省直单位出台了大量优惠政策向移民倾斜。在移民搬迁中，交通、卫生、公安等部门全程提供保障和亲情服务。迁安两地各级部门为移民迁安工作大开绿灯，新闻媒体积极主动为移民工作宣传造势，两地群众也为移民安置让出土地、让出资源，处分体现了新时期社会各界对移民的温暖和关怀，为移民工作创造了前所未有的良好氛围。

第十章　外迁移民安置的考察对接工作

南水北调丹江口库区涉及淅川县11个乡(镇)168个移民村,具体一个村的移民到哪里安置的过程是如何确定的,能否保证移民的总体满意,是对接阶段的主要工作,也是移民安置工作能否顺利实施的关键。

第一节　考察对接的准备工作

16.2万移民是一个庞大而特殊的群体。如何把168个村的移民和安置点逐个进行对接,是一项复杂而艰巨的工作。移民群体的敏感性、易攀比性决定了这项工作只能一次性成功,否则将会事倍功半。要保证对接的顺利,首先要保证移民群众对安置点的基本满意,这就需要对前期拟定的安置点进行必要的优化整合,制订科学的对接方案,分期分批、分层次开展对接,确保不做夹生饭。

一、优化整合的必要性

移民安置方案优化整合是做好移民安置对接的基础和前提,也是编制切实可行实施规划和顺利实施的关键。按照初设阶段规划成果,部分安置点存在水土条件较差、交通不便、区位不好、安置容量偏小等问题。如不对这些安置点进行优化整合,会直接影响移民安置对接,影响实施规划编制,影响移民安置的顺利实施,影响社会和谐稳定。

对初步设计阶段确定的移民安置点进行优化整合,是基于以下几个方面的要求。

(一)省委、省政府的要求

省委、省政府明确提出,河南省丹江口库区移民原则上以村为单位整建制安置。试点以外河南省共计158个移民村,初步设计共规划安置点562个,平均每个安置点人口规模为261人,平均每3.6个居民点安置1个移民村。特别是南阳市安置区,共规划集中安置农村移民7.56万人,规划安置点379个,点均安置人口199人。其中,人口规模在200人以下的小型村235个,占62.1%;201~600人的中型村137个,占36.1%;601~1 000人的大型村5个,1 000人以上的特大型村2个,600人以上的安置点不足2%。这与省委、省政府的要求差距很大,因此优化整合不仅必要,任务还十分繁重。

(二)移民安置对接的迫切需要

移民安置对接能否顺利进行,关键要看移民安置方案是否优化整合到位,选定的安置点移民是否接受。但是初设规划的安置方案如不进行优化调整和整合,相当一部分安置点移民不会接受。特别是对于一个村安置在几个点,难以保持移民行政村或自然村的建制,且各个点的土地、区位、交通、就学等条件存在差别,将会给移民安置对接分点带来极大的困难。从移民试点实施情况看,如果移民安置点没有很好的优化整合,即使花大力气促使移民签订了对接承诺书,但在实施过程中也会困难重重,甚至出现反复,影响移民安置工作的正常进行。

(三)新农村建设的基本要求

关于丹江口库区移民新村建设问题,省政府曾专门下发通知,要求各有关市县和省直有关部门进一步整合移民资金、支农惠农资金和新农村建设的资金,将丹江口库区移民新村建设成为社会主义新农村的示范村。同时河南省文明办、省南水北调办、省政府移民办联合印发了关于创建“迁安移民文明村”和“移民迎送文明县乡”活动,对移民村基础设施、公益设施和文明建设等,提出了明确要求。如果移民村人口规模过小,很难做到基础设施配套、公益设施完善。即使勉强达到,也会因代价太大,难以承受。

二、科学制订方案

根据丹江口库区移民和安置点的实际,结合移民试点的经验教训,移民安置方案优化整合可分为移民安置点的优化整合、移民村的优化整合和淹没线上土地资源及人口的优化整合。其中移民安置点的优化整合是重点和难点。

(一)移民安置点的优化整合

移民安置点优化整合的任务主要有两项:一是优化调整。各地本着以人为本、关注民生的原则,对本市、县(市)初选的安置点进行全面排查,对那些水土条件较差、交通不便、区位不好、移民难以接受的安置点,坚决进行优化调整。应选择水土条件较好、交通便利、区位较好的地方安置移民。有条件的地方,应尽量选择在国道、省道等干线公路附近、城集镇附近、产业集聚区附近安置移民。二是整合。就安置容量小于500人的安置点和移民原则上整村安置的要求,对规划现有安置点进行优化整合。既要考虑原则上以行政村为单位整建制安置的要求,又要考虑向几个村的结合部集中,尽量向好的地方集中的要求,做到既整合又优化,以移民接受为目标。

考虑到移民的要求和安置区的实际情况,整合后的安置点原则上应满足如下标准:1 000人以下的移民村,原则上在一个点安置;1 001~2 000人的移民村,有条件的地方要尽量在一个点安置,最多不超过相邻的2个点安置;2 000人以上的移民村,有条件的地方也要尽量在一个点安置,最多不超过相邻的3个点安置。为移民划拨的土地要集中连片,土地质量和当地群众基本相当,几个相邻点的综合条件大体相当。

移民安置点的优化整合可分为三个步骤:一是基础性优化整合。初步设计确定的移民安置点,有的水土条件较差、区位不好、交通不便,移民难以接受,无法开展对接;有的安置容量过小,据对初步设计阶段有关规划成果的统计分析,全省平均1个移民村规划安置在3.6个安置点,南阳市平均1个移民村规划安置在6.5个安置点,与省委、省政府提出的新农村建设和移民原则上整村安置的要求差距很大。因此,不做好基础性优化整合,就没法开展下一步的理论对接,更谈不上实施规划编制和大规模移民的启动。相反,若基础性优化整合工作做得扎实到位,下一步的对接工作就相对容易了。二是理论对接的调整。第一步基础性的优化整合完成后,由省级移民机构组织设计单位,库区以村为单位,安置区以县为单位,对移民村和各安置点的区位、土地、基础设施、经济水平、发展潜力等因素,进行综合评价和排序,按照移民村与安置点综合条件相对应的原则,提出初步的对接方案,再组织库区县、乡(镇)到对应的安置点进行全面的考察,商安置区市、县提出调整意见。在具体的移民村与安置点的对接中,安置点的容量与理论对接拟安置村的移民人口会存在一定的差别,还需要通过对安置点容量的增减调整甚至进一步的整合,满足理论对接对安置点的基本要求。三是具体对接的调整。由于移民工作的复杂性和不确定性,理论对接后,应组织第二批移民村的迁安组织,到理论对接对应的安置点进行考察,部分村政府主导的理论对接结果与移民群众的想法可能存在一定差距,本着以人为本的原则,仍需要对这些安置点进行微调,直至移民签订对接协议。

(二)移民村的整合

在河南省丹江口库区试点以外需要搬迁安置的158个移民村中,人口规模在2 000人以上的特大型村只有8个,人口规模在300人以下的中小型村有26个。因此,如果一味地强调一个移民村在一个点安置,就会出现部分点因人口规模过小,而导致基础设施、公益设施难以配套完善,更达不到社会主义新农村示范村的标准,也不利于今后的发展。所以有条件的地方,可对这部分移民加以引导,在保持目前原有移民村(组)建制不变的情况下,在移民自愿的基础上,以村庄主要街道为界,对这部分移民村进行适当的整合,集中安置,待条件成熟后再考虑整合行政建制。

(三)淹没线上土地资源、人口的优化整合

根据国家有关移民安置规划的规定,淹没线以上留置和搬迁人口是按照全村人均耕园地和淹没的耕园地,以村民小组为单位计算,这种计算方法没有充分考虑淹没线上剩余土地资源和留置人口的优化整合。因此,在复核淹没线以上土地资源时,应以乡(镇)为单位,统筹考虑各相邻村的剩余土地资源和留置人口,尽量保持村民小组整建制的搬迁和留置,以充分利用资源,减少工作难度。

按照上述原则和要求,安置地应对本地区初设规划的所有安置点进行排查和梳理,确定要优化整合的具体安置点,并按要求优化整合到位。对因安置容量小而整合出的条件较好的安置点,可作为备用容量予以保留。在优化整合过程中,要尽量做到有的放矢,少走弯路。

三、优化整合

优化整合是编制实施规划的前提。为引起各地的重视,扎实做好丹江口库区移民安置点的优化整合工作,河南省委、省政府于2011年5月6日召开专题会议进行了动员部署。在优化整合期间,为充分了解各地移民安置方案优化整合工作情况,理清存在的主要问题,有针对性地指导下一步优化整合工作,省南水北调移民安置指挥部办公室对优化整合工作进行了专题调研。各地的优化整合工作基本结束后,针对各地整合情况,省移民安置指挥部办公室组织设计单位进行了检查,对不合格的安置点提出了重新优化调整的要求。同时安排设计单位对各安置点从区位环境、交通条件、土地质量、收入水平等方面进行综合评价和排序,为下一步的总体理论对接工作奠定了基础。

第二节　考察对接的组织和成果

根据省移民安置指挥部的安排,淅川县组织各乡(镇)确定了各移民村的搬迁批次,组织各移民村成立了移民迁安组织，按照省办制订的对接方案组织开展了对接工作，经过迁安双方的共同努力，最终都顺利签订了对接确认书。

一、移民村搬迁批次的选择

在安置地进行优化整合的同时，库区县按照省级移民安置主管部门的要求，按照“村级班子凝聚力和战斗力强的优先、移民群众搬迁积极性高的优先、先易后难”的原则，对试点以外所有移民村进行全面的排查和筛选，按照移民村申报、乡（镇）把关、县政府审查的程序，初步提出了分批次搬迁的移民村名单，逐级上报省级移民机构。省级移民机构商安置区有关市、县，在综合平衡库区各乡（镇）安置区各市、县（市、区）移民任务的基础上，确定分批次搬迁的移民村名单，作为对接和实施规划编制的依据。

二、对接方法、程序

（1）根据库区实际情况，考虑区位、经济发展水平、土地资源、基础设施状况、耕作习惯、发展二三产业的环境和条件、生活习俗等因素，库区以乡（镇）为单位对设计单位提交的移民村综合评价和初步排序结果进行调整。

（2）组织库区县、乡（镇）到对应的安置县（市、区）所有安置点考察，以库区乡（镇）为主、迁入地配合，从区位、经济发展水平、土地资源、基础设施状况、发展二三产业的环境和条件等方面，根据考察的情况，提出综合评价和排序意见。

（3）根据库区乡（镇）移民村的排序情况和对应安置区的排序结果，按照下列原则，完成移民村与安置点的全面理论对接：

①移民村与安置点相对条件基本相对应。

②移民村尽量不跨县（市、区）安置。

③一个村民小组不拆分。

（4）对接方案应充分听取当地政府及移民的意见。理论对接阶段迁出乡与迁入县的对接方案以省、省辖市各级人民政府意见为主，移民村与迁入乡的对接方案以县级人民政府意见为准，移民组与安置村（居民点）的对接方案以理论排序为准。地方政府在确定最终对接方案时，应选择合适的时机和方式听取移民意见。

（5）对接方案一旦确定，不得随意调整。

（6）理论对接方案由库区及安置县（市、区）人民政府组织，设计单位技术负责并对排序工作提供支持，有关乡（镇）参加。

三、安置对接

在确定了各移民村搬迁批次后，结合安置地移民安置方案优化整合结果，在省级移民机构的统一协调指挥下，库区和安置区有关市、县组织，设计单位技术归口，按照“一次对接、分批编制实施规划”的原则，开展移民村与安置点的对接。具体分为以下两个层次。

（一）总体理论对接

为了体现公平、公正，对丹江口库区试点以外 15.1 万移民的对接，采取“总体理论对接一次完成，具体对接分批进行”的办法。即哪个移民村对接到哪个安置点的理论方案，不分批次，一次性完成，避免第二批搬迁的移民产生先搬迁的移民村先挑好的安置点安置的误会；组织移民迁安代表到理论对接确定的安置点进行具体考察对接，按照批次，一批一批进行。

在理论对接阶段，由设计单位负责，库区以乡（镇）为单位对所有移民村进行综合评价和排序，安置区以县为单位对所有安置点进行综合评价和排序。根据省政府确定的库区乡（镇）对安置区市、县（市、区）总体对接框架，依据各移民村和安置点的综合评价结果，结合各安置点安置容量，将每个移民村理论对接到安置点，提出试点以外15.1万移民的总体理论对接初步方案。之后，组织库区县、乡（镇）到安置区察看所涉及的安置点，根据掌握的情况和初步考察的结果，迁安双方协商，以迁出地为主，对初步对接方案进行优化调整。

（二）具体对接

也就是完成移民群众对安置点的认可确认阶段。在全面完成总体理论对接的基础上，由库区各乡（镇）分批次组织移民村，对拟定的安置点进行考察，对移民提出的合理诉求，应合情合理地给予解决，进而组织移民村签订移民安置对接承诺书，完成移民村到安置点的具体对接。

四、对接的要求

为了保证对接的顺利进行，进一步明确迁安双方的责任，做到分工明确、高效有序，针对迁出地和安置地的特点，分别提出了具体要求。

（1）对库区县的要求。配合设计单位，把移民村的人口问题核定准确，教育引导移民群众应充分考虑到安置地的实际情况，不提过高的要求，同时要进一步建立健全移民迁安组织，按照成熟一个乡对接一个乡的原则组织开展具体对接工作。

（2）对安置县（市、区）的要求。为保证对接的顺利进行，安置地一是应对第一批移民安置点对外道路、周边环境等进行适当的整治，以便给移民迁安组织一个好的印象。二是对第一批移民点的具体位置、拟划拨给移民的生产用地的地块、范围等，要提前在1/10 000地形图或土地利用现状图上标示清楚，以利于移民村迁安组织实地考察。三是为便于移民群众更好地了解安置地的详细情况，安置地要制作一些必要的宣传材料，对当地的区位环境、风土人情、经济发展状况等向移民进行介绍。四是充分考虑移民的心情，对移民提出的合理诉求，尽可能给予考虑、解决。

（3）在对接过程中，迁、安双方要多沟通、多协商，以迁出地为主，安置地配合，在规定的时间内，尽快确定对接方案。

（4）移民村具体对接完成后，应签订对接确认书（对接确认书的格式由省办统一制定），由迁入地将对接确认书及时传至省级移民机构，以便及时安排设计单位开展具体规划设计，确保在规定的时间内完成该批移民的实施规划编制工作。

五、安置对接的主要成果

根据省委、省政府关于丹江口库区移民安置方案优化整合的要求，各安置地积极行动，对本辖区内的移民安置点进行了优化整合。经统计，规划安置点由初步设计的548个

(不含试点,下同),优化整合为 197 个,核减 64%。其中淅川县从初设规划的 74 个安置点,调整为 53 个安置点,核减 28%;外迁安置点从初步设计规划的 474 个安置点,优化整合为 143 个安置点,核减 69.8%。调整后的外迁安置点中,500 人以下的安置点 28 个,500~1 000人的安置点 135 个,大于 1 000 人的安置点 28 个。总体来讲,经过全省上下的努力,移民安置方案优化整合工作取得了突出的进展,为安置对接工作创造了很好的条件。

第三节　关于大规模移民考察对接工作的经验和体会

从安置点的优化整合,到移民村安置去向的初步确定,直至移民迁安代表的签字确认,通过 15.1 万人的对接安置工作,总体感到有以下几个方面的体会:

(1)领导重视是基础。安置地的党委、政府对移民工作的重视程度都明显提高,尤其是市、县两级的党政一把手都对移民安置工作给予了高度重视,成立了高规模的安置工作领导小组。多数区域都能把移民安置当作一种政治任务予以认真对待。因此,在对安置点的选择上大都体现了人本理念,大部分安置地都能够视移民为亲人,把安置好移民作为自己的一种责任,按照省委、省政府的要求,把区位优越、交通便利、土质较好的区域作为安置移民的优先选择。

唐河县是河南省人口大县,也是安置外迁移民的第二大县,为了达到省政府关于移民安置点"靠近主干道、靠近城集镇、靠近产业集聚区"的要求,县政府主要领导除亲自负责优化整合工作外,还专门研究下发文件,对按照"三靠近"要求完成优化整合任务、达到移民满意的乡镇给予每个安置点 10 万元奖励,对按时完成优化整合和对接工作奠定了基础。许昌市所属的长葛、许昌、襄城 3 个县(市)是河南省主要的粮食主产区,人均耕地在 1 亩左右,但为了做好优化整合工作,在省优化整合会议后,主管副市长熊广田立即组织相关部门进行了安排部署,进一步提出了要求、明确了责任,3 个县(市)主要领导也多次组织开会研究本地的优化整合工作,在各级领导的重视下,许昌市安置点由初设阶段的 30 个整合到了 18 个,在移民群众参与的具体对接阶段,又整合为 13 个。

(2)相互沟通,密切配合是保证。移民对接工作是规划设计工作的前提和基础,关乎着千家万户群众的切身利益,迁安双方要换位思考,多为对方考虑、多为移民考虑、多为南水北调工程建设的大局考虑。迁安双方对接中的具体问题,要本着互谅互让的原则,充分沟通、协商。"移民为国做贡献,我为移民服好务",不仅是对移民群众支援国家建设的高度概括,更是对安置地党委、政府提出的更高要求。在进行对接过程的时候,也正是设计单位对库区淹没线上的土地资源和留置人口进行复核的时候,考虑整建制搬迁,线上土地资源数量、质量,库周专项恢复难易程度等因素影响,部分安置点的人口规模会发生一些变化,因此迁安双方只有加强沟通,密切配合,才能保证资源人口优化整合工作的顺利完成。

漯河市地处中原腹地,境内既无高山也无峡谷,地势平坦,水土资源较好。根据对接方案,接收淅川县滔河乡移民 5 000 多人,从迁安双方的总体条件看,随便找个安置点,其生产条件都比淅川县移民村要好很多。但是对于漯河市初选的 6 个安置点,在理论对接中却被淅川县全部否定。经省办协调，将迁安双方负责人召集到一起逐点进行查看，双方就对接中的具体问题进行了坦诚的沟通，最终通过将各个安置点的安置对象调整对应关系后达成一致，顺利完成了对接。

根据初步对接方案，中牟县接收安置淅川县金河镇的移民约 9 400 人，为顺利做好安置工作，经迁安两地研究，中牟县与淅川县结为友好县，并实行互派工作组制度，由金河镇党委书记挂职中牟县政府党组成员，列席安置地重大移民工作会议，移民村支部书记列席迁入镇研究移民工作的相关会议，这种机制有力地推动了移民工作的顺利开展。

(3)因地制宜、因人而异是完成工作的根本。许多地方在移民安置过程中都能积极探索行之有效的工作方法。有的采取全乡滚地的方式，为移民安置提供较好的区域，如荥阳市，为给移民调整 1 600 亩的生产用地，在全乡范围内推磨调整了 1 300 多亩的土地；有的通过整合较小的居民点，为移民规模化安置创造条件；还有的把国有农场和集体土地进行捆绑，为移民安置拓宽空间。

此外，鉴于安置对接工作涉及移民群众的切身利益和长远发展，各种利益和矛盾错综复杂，移民可能对有关政策和对接方案存在异议，由此引发移民集体上访，引起社会不稳定。安置地也可能由于接收移民、划拨土地导致一些不稳定现象。因此，加大宣传力度，大力宣传移民有关政策，按照属地管理的原则，做好信访工作，保持社会稳定也是保证对接成功的一个基础。

第十一章　外迁移民身份审查及确认

实物指标调查是移民安置实施规划的依据和开展移民安置管理工作的基础，关系到移民群众个人的切身利益，也关系到社会的稳定。河南省南水北调丹江口库区移民的实物指标，从2003年调查至移民搬迁安置工作启动已经过了7~8年，期间一些指标发生了变化，尤其是人口变化较大。为了体现公开、公正、公平的原则，在实施规划编制初期，省办组织库区市、县将已调查移民的实物指标进行了张榜公示，三榜定案，接受群众的监督。从实施情况看，移民人口问题最复杂、最棘手，也最不易解决，省、市、县各级政府及移民部门、设计、监督评估单位为此耗费了大量的精力，也在一定程度上影响了实施的顺利实施。开展好移民身份的审查成为解决移民人口问题的前提和关键。

第一节　移民身份确认的内容和程序

移民身份的核定是一项十分严肃而敏感的工作，按什么标准确定移民身份以及如何确认，只有制定严谨的办法和一套经实践证明是行之有效的程序，才能做到公平、公正的结果。

一、移民身份的确认

为切实把人口问题解决在实物指标公示复核阶段，为实施规划编制、移民新村建设顺利进行提供扎实的基础，省办组织制定了《南水北调丹江口库区试点移民变动人口复核办法》，以此规范复核程序，严格复核政策。《南水北调丹江口库区试点移民变动人口复核办法》明确了符合条件的19类人可以登记为移民，同时也明确了已经登记为移民的16类人应剔除移民身份。为了进一步健全人口管理办法，尽量做到阳光政策公开操作，省移民办还专题委托黄河勘测规划设计有限公司就丹江口库区移民人口问题进行研究，以期从更广泛的政策层面对移民人口的核定工作提供指导作用。

二、移民人口复核程序

为规范人口复核，明确相关单位的职责，在人口复核的实践中，摸索、总结出了人口复核的九个步骤。

第一步：由移民户向村民小组提出个人申请及相关证明材料原件，交村民小组负责人。

第二步：村民小组负责人确定后签字，将相关材料交村委会。

第三步：村委会确认后签字盖章，以村为单位，将相关材料上报乡（镇）人民政府。

第四步：乡（镇）人民政府组织相关部门对上报材料进行审核后，以文件形式上报淅川县人民政府。

第五步：淅川县人民政府组织公安、民政、计生、卫生等部门对上报证明材料的真实性进行确认，并按人口核定办法规定认真审核、严格把关，提出明确处理意见。淅川县移民局以文件形式上报南阳市移民局。

第六步：南阳市移民局认真审核、把关无误后上报省政府移民办。

第七步：省政府移民办组织设计单位及有关单位进行复核、确认。

第八步：对认定的移民人口张榜公示，三榜定案。有异议的，按上述程序重新复核。

第九步：人口公示无误后，由设计单位填写规表。

第二节　移民身份审查工作开展过程

南水北调丹江口库区移民身份的审查，是做好整个库区移民安置工作的基础，只有把移民身份落实清楚了，整个移民安置规划方案的确定、搬迁组织、移民新村房屋建设、生产用地划拨以及后期扶持等问题，才更加具有可操作性。

一、指导思想

在移民身份的审查工作中，应全面贯彻落实党的移民政策，严格执行关于移民人口管理的各项规定，坚持走群众路线，本着实事求是和公开、公平、公正的原则，实行县、乡、村和单位多层面、全方位联动，力争实现库区移民人口“一个不假、一人不漏”，为移民搬迁安置工作奠定坚实基础。

二、清理核定对象

清理核定对象为库区全部已纳入移民登记和应纳入而未纳入移民登记的人口。根据移民搬迁分期安排，分批次进行。

三、审核过程

移民身份的审核主要包括两部分的内容，即已经纳入移民登记的人员的身份审核和应纳入登记而未登记的人员（错漏等人员）的身份的审核。

（一）已纳入移民登记的身份审核

1. 宣传发动与公示

库区县、乡（镇）、村（社区）利用广播电视、张贴标语等多种形式宣传移民人口登记审查的有关政策，达到家喻户晓，人人明白；将本村（组）移民登记人口花名册在各组张贴公示，以组为单元，把本组已登记的移民底册连同告知书、移民人口政策和征求意见表打印成册，分发到各户，接受群众监督举报。

2. 党员干部率先自纠

以乡（镇）为单元，集中召开由移民村支书、主任、会计参加的村主要干部会议，讲明人口政策规定、工作纪律，由村干部对本人家庭中的虚假移民率先剔除，并逐人向乡（镇）党委写出本人及家庭成员没有参与虚假移民身份登记的书面保证。同时以村为单位，召开村组党员干部、包户乡干部、包村乡领导、县包村工作队干部参加的会议，由村组党员干部对本人家庭率先剔假,并逐人写出保证。保证书统一收交上报县级移民指挥部。

3. 公开接受举报

在乡(镇)设立举报电话和举报箱,指定专人负责,举报箱每天开一次,电话 24 小时受理举报,并做好记录;村里也要设立举报箱,接受群众举报,举报箱由县包村工作队负责管理,并做好记录。

4. 清理与案件查办

对个人自查自纠结果和受理的举报线索进行梳理分类后,组织各移民村逐组逐户进行清理,并将清理结果予以公示,同时实行乡(镇)干部包户制度,每个移民户是否有非移民人口,必须由包户乡干部和组长审查签章确认。

(二)对应纳入而未纳入登记人员的身份审核

与已纳入移民登记身份审核工作同步进行。由当事人提出申请,并提供相关证件,按移民人口复核的申报程序和办法进行复核认定。

四、相关单位职责

为严格手续,认真把关,不乱开口子,在对移民身份的审查中,各相关部门应把 2003 年库区移民实物调查以后发放的相关证明、证件进行整理,按照职责分工对群众提交的各类证件的真伪、发放程序的合规性进行审核、把关,在工作中必须密切配合,各负其责。

民政部门的职责是复核结婚手续和抱养手续;卫生部门的职责是复核出生医学证明手续;计生部门的职责是复核出生证发放和社会抚养费缴纳手续;公安部门的职责是复核人口入户手续办理;移民部门的职责是严格移民身份的认定手续。

为提高办事效率,淅川县建立了联席办公会议制度,县级民政、卫生、计生、公安、移民部门确定一名副职,每月召开一次联席办公会议,及时解决工作中出现的各种问题,保证了移民人口核定工作的顺利进行。

第十二章　外迁移民新村建设

移民新村建设是整个移民安置最重要的环节之一，移民新村的方位、规划、布局、质量直接影响到移民安置的效果，影响到移民搬迁后能否长治久安，能否顺利地发展生产。河南省委、省政府明确提出“要把移民新村建设成为社会主义新农村”，以确保外迁移民能够充分享受到经济社会发展带来的成果。

第一节　移民新村建设规划设计

规划是建设的前提，为了真正把移民新村建设成为社会主义新农村，河南省坚持把科学规划放在重要地位，严格按照移民安置政策，在结合河南省各地实际的基础上，充分听取专家和移民群众的意见，超前谋划、放眼长远、周密考虑、精心组织移民村规划编制，为移民新村建设绘制好蓝图。

一、指导思想和基本原则

（一）指导思想

以邓小平理论和“三个代表”重要思想为指导，认真贯彻落实科学发展观，坚持以人为本，紧紧围绕南水北调中线工程建设总体部署，以实现移民“搬得出、稳得住、能发展、可致富”为目标，使移民搬迁后生活达到或超过原有水平。

（二）基本原则

（1）移民新村建设规划坚持客观公正、实事求是的原则，正确处理局部与整体、个人与集体、当前与长远的关系。根据国家有关政策和法规，按照前期补偿、补助与后期扶持相结合的原则，妥善安置移民生产、生活，保护移民的合法利益。

（2）移民新村建设规划以国家批复的初设规划报告为基础，在充分听取乡（镇）人民政府和移民、安置区居民的前提下，对安置方案进一步优化整合，尽量按原建制迁建，尽可能维持移民原有的生活习惯和群体关系。

（3）移民新村建设规划应与当地国民经济以及土地利用总体规划、城市总体规划、村庄和集镇规划相衔接，着力解决好与移民切身利益密切相关的问题，确保移民及安置区居民长远生计和后续发展。

（4）移民新村建设规划坚持与社会主义新农村建设相结合，与地区经济社会发展相结合，为移民提供适合当地特点、与规划期内当地经济社会发展水平相适应的人居环境，并为发展农村经济创造一定的条件，以满足日益提高的生产生活水平的需要。

（5）移民新村建设规划应与生产安置规划紧密结合，充分尊重移民群众意愿，按照有利生产、方便生活的原则，落实新址地点和建房方式。

（6）移民新村建设规划应在尽量不拆迁原有居民房屋、少占耕地的前提下，选择地理位置和地形条件适宜、交通便利、水量充足、水质良好、便于排水的地方。建设用地应避开自然灾害影响地段、已探明有开采价值的地下资源、地下采空区和重要文物古迹地段。

(7)移民新村建设规划应从农村实际出发,根据不同的自然地理条件,因地制宜,合理布局,统筹安排各类基础设施及公益设施,方便移民生产生活。

(8)移民新村建设规划应充分考虑保护生态环境,防止水土流失。

(9)移民新村建设规划以国家批准的初步设计阶段投资概算为依据,确定合适的建设规模,合理控制投资。确需调整的,须经调查研究、充分论证,并经省移民安置指挥部办公室审定。因扩大规模,提高标准增加的投资,由相关单位自行解决。

(10)经省人民政府批准的移民新村建设规划,必须严格遵照执行。

二、规划的主要内容

(1)落实对接方案。分三步完成:第一步是对移民安置点进行全面优化整合,第二步是完成移民村与安置点的总体对接,第三步是分批完成移民村与安置点的具体对接。

(2)确定人口规模。根据移民对接方案和移民村出县外迁安置任务,确定各移民新村的人口规模及建设用地规模。

(3)地质勘探及评价。对初步确定的移民新址进行地质勘探,根据勘探结果,对移民新址做出工程地质评价。

(4)绘制地形图及确定实物指标。以安置点为单位,绘制1∶500地形图,并根据地形图及土地详查等资料,对移民新址征地范围内的实物指标进行全面调查。

(5)对外基础设施规划。包括交通、10 kV电力线路、排水沟、通信、广播电视等项目。

(6)移民新村总体布局。包括居住用地布局、公益设施布局、道路广场布局等。

(7)专项工程规划设计。包括道路工程、竖向工程、电力工程、供水工程、排水工程、水保环保工程、通信广播电视工程,消防规划、环境规划、移民房屋抗震设计、超深基础处理、膨胀土处理等。

(8)编制移民新村新址征地及“三通一平”实施规划要点和移民新村建设规划说明书。

(9)编制移民补偿投资概算。以实物指标为基础,结合安置方案,按初设规划报告确定的补偿标准和实施规划对个别项目单价分析结果,编制移民安置补偿投资概算。

(10)分批编制外迁移民新村实施规划报告。

第二节　土地调整

移民生产生活土地的调整是移民新村建设的前提,也是移民搬迁安置工作的难点,直接关系到移民搬迁安置的成败。丹江口库区移民人数多,搬迁安置时间紧,任务重,从试点开始,各级就把移民生产生活用地的调整和移民生产用地的分配当作重中之重,明确工作重点,抓住工作难点,保证了各项工作的顺利开展。

一、土地调整工作的主要任务和难点

（一）主要任务

土地调整分为需生产安置移民的生产用地调整和需搬迁安置移民的生活用地（建设用地）调整。河南省丹江口库区移民涉及南阳市淅川县 11 个乡（镇）184 个行政村 1 276 个村民小组，共需搬迁安置移民 16.2 万人。其中，出县外迁生产安置移民 137 738 人，全部在省内种植业安置，安置区域涉及郑州、平顶山、新乡、许昌、漯河、南阳 6 个省辖市的 24 个县（市、区），共需调整移民生产用地 175 422 亩；搬迁安置移民 137 833 人，建设移民安置点 164 个，共需调整生活用地（建设用地）16 557 亩。

（二）难点

土地是最基本的生产资料。无论是移民或是安置地群众，土地都是他们赖以生存的基本条件。移民想得到足额的良田，安置地群众想尽量地少失好地，就成为移民安置过程中最直接和最突出的一对矛盾。

二、土地调整工作采取的措施

鉴于移民生产生活用地调整的难度，各安置地都高度重视，把土地调整作为移民搬迁安置工作的重点，采取得力措施，及时将移民生产生活用地调整到位。

一是加强组织领导。各安置地都高度重视移民生产生活用地调整工作，在组织机构上，市、县（市、区）、乡（镇）都成立了移民生产生活用地调整领导组织，派出主要领导负责移民生产生活用地调整工作。

二是广泛宣传发动。各地在做好移民搬迁安置宣传的同时，进一步加大对安置地群众宣传的力度，使安置地群众明白，丹江口库区移民是国家行动，移民为国家做出了巨大牺牲和贡献，为移民调整土地是安置地的义务，也是安置地群众的光荣，使安置地群众树立"移民为国做贡献，我为移民解忧难"的意识，在思想上受教育，在行动上见实效。

三是层层分解任务。为保证移民生产生活用地及时到位，安置地各县（市、区）、乡镇、村、组都层层分解任务，明确工作目标，建立目标责任制，切实把移民生产生活用地的调整工作当作大事要事来抓。

四是建立奖惩机制。移民生产生活用地调整工作既是重点，也是难点。为不影响全省丹江口库区移民搬迁安置工作的整体进度，按照省移民安置指挥部的统一要求，各安置地根据各自实际，建立了移民生产生活用地调整工作奖惩机制，对能够及时将土地调整到位的给予物质和精神上的奖励，对不能及时将土地调整到位的，除通报批评外，还要追究相应的责任。通过采取各种得力的、有效的措施，丹江口库区移民生产生活用地的调整工作进展顺利，为丹江口库区整体移民搬迁安置打下了坚实的基础。

例如，安置移民人数最多的邓州市，为了完成土地调整任务成立了以市长为组长的领导小组，各有关乡（镇）党委政府均由一把手挂帅成立土地调整工作组，在调地工作中坚持"三结合"原则（远近、好坏地相结合，移民与地方群众利益相结合，环境容量与调配政策相结合），首先围绕选定的居民地，在其周围 2 千米范围反复考察对比，确定大致方位，然后运用"4 + 2"工作法组织涉及的村组干部、群众代表开会讨论，初步定型后再邀请搬迁移民村两委班子、群众代表实地察看、发表意见。地块划定后,安置地政府又针对安置地群众组织开展多种形式的宣传活动,印发宣传册,组织干部挨家挨户宣讲国家移民政策和移民做出的牺牲,并组织群众代表到库区实地了解移民的生活状况,让群众从思想上理解和支持移民安置工作,同时深入了解和掌握群众存在的顾虑和问题,并及时研究解决。为了充分调动各有关镇、村的积极性,该市财政还拨付专项资金作为前期工作经费,并对任务完成好的村给予物质、精神奖励,为下一步工作的顺利推进打下了良好的基础。

第三节　移民房屋建设

移民房屋建设是移民群众密切关注的热点和重点。特别是南水北调丹江口库区移民,由于停建令的颁发,搬迁前移民的住房条件非常差,广大移民群众热切盼望改善居住条件,因此对于移民新房的建设,各级政府和有关部门及社会各界格外重视。

一、移民建房组织形式

河南省南水北调丹江口库区的移民房屋建设,除投亲靠友移民为分散自主建房外,其他县内后靠安置、近迁外迁安置移民根据《河南省南水北调丹江口库区移民安置工作实施方案》精神,均采取统一建房模式,按照"六统一"原则和"双委托"形式,组织建设移民房屋。

(一)"六统一"原则

统一征地、统一规划、统一标准、统一建设、统一搬迁、统一发展。同时,将国家各项惠农资金和国家移民补偿资金捆绑使用,将征地移民工作与新农村建设有机结合起来。

(二)"双委托"形式

一是移民群众委托移民村迁安组织;二是移民村迁安组织委托迁入地县级移民机构或乡(镇)政府。经依法委托,迁入地县级移民机构或乡(镇)政府统一集中建设移民房屋。

二、关于移民建房的优惠政策

为切实保证移民新建房屋的质量,确保移民新建房屋的进度,省移民安置指挥部和地方各级政府都出台了关于移民房屋建设的优惠政策。省移民安置指挥部办公室先后出台了关于移民建房搬迁奖励、移民房屋维修费用、移民房屋监理费用、移民门楼院墙奖励及对各地建设、质量监督单位补助奖励等一系列优惠政策。

各级政府为把移民新村建设成社会主义新农村示范村,也分别出台了移民房屋建设奖补政策。平顶山市、县财政拿出2 500万元,按照每户8 000元的标准奖补库区移民群众建房;南阳市在各县(市、区)奖补的基础上,从市财政拿出3亿元用于奖补移民新村建设和生产发展。在移民房屋建设中,由于设计标准提高,特别是由于建筑材料价格上涨,房屋建设单价较高,在移民不愿多付钱的情况下,各地采用各种形式对施工企业进行补助,保障了新村建设的正常进行。南阳市筹集6 000多万元,采取以奖代补的形式,分两个阶段开展移民新村建设争先创优活动,并协调电力部门保障新村建设用电,确定4家水泥生产企业为移民新村建设直供水泥。

三、移民房屋建设工作保障措施

河南省南水北调丹江口库区移民房屋建设周期短，时间紧，任务重，为确保实现“四年任务、两年完成”的目标，保障丹江口库区移民房屋建设的质量和安全，省移民安置指挥部办公室从移民房屋户型设计、户型选择、招标投标、新村征地及“三通一平”、质量管理、安全管理、责任管理、房屋维修等各个方面采取了一系列保障措施。先后出台了《河南省南水北调丹江口库区移民新村建设工程质量和施工安全管理办法》（豫移指办〔2009〕19 号）、《关于下发〈移民新村户型方案设计图集〉的通知》、《关于做好丹江口库区移民新村户型选择的通知》、《关于下发〈河南省南水北调丹江口库区移民新村建设招标投标管理办法〉的通知》、《关于做好南水北调丹江口库区移民新村建设征地和“三通一平”工作的通知》、《关于印发〈河南省南水北调丹江口库区移民新村房屋和市政道路工程质量考核标准（试行）〉的通知》、《河南省南水北调丹江口库区第一批移民新村工程建设考核奖励办法（试行）》、《河南省南水北调丹江口库区移民新村建设互督互查工作方案（试行）》、《河南省南水北调丹江口库区移民新村建设工程冬期施工要点》、《河南省南水北调丹江口库区移民新村建设蒸压粉煤灰砖砌体工程质量控制措施》、《关于开展试点移民新村房屋修缮活动的通知》、《关于进一步做好第一批移民新村房屋修缮工作的紧急通知》等有关文件。明确规定：“各有关省辖市人民政府对本辖区内的工程质量和施工安全负总责，县、市（区）人民政府是工程质量和施工安全的第一责任人，乡（镇）人民政府和移民村迁安组织对移民新村各项建设工程实施监督管理”；“建立‘政府监督、中介监理、企业自控、移民参与’的四位一体的工程质量监督管理模式，明确工程建设参建各方的职责，实行齐抓共管，确保工程质量和施工安全”。

（一）质量管理

（1）每个安置县建设行政主管部门的建设工程质量监督机构对每个安置点都要派出不少于 2 人的监督人员，进驻移民新村建设项目现场，开展全过程监督。如县级质量监督机构人员不能满足要求，可从市级质量监督机构抽调。工程竣工后，对新村建设工程质量进行验收。

（2）各监理单位要有详细的监理大纲指导监理工作，项目总监及监理人员要做到持证上岗，关键部位和隐蔽工程必须旁站监理。特别对地基基础、主体结构、屋面防水、水电安装及使用功能等方面进行重点监理。

（3）各有关项目施工单位要建立健全质量保证体系，设立企业内部专职质量安全检查员。认真组织开展班组自检和互检，切实消除工程质量通病。必须严把原材料进场关，杜绝劣质建筑材料进入工地，同时做好技术资料的收集和整理工作。

（4）移民新村建设项目要实行合同管理，在合同中要明确工程的保修责任和主体。

（5）移民村迁安组织应提前介入，在工程建设中全程参与工程质量监督管理。

（二）安全管理

（1）项目施工单位要认真贯彻执行国家和省有关安全生产的方针政策、法律法规及标准规范；要制定安全施工管理制度和各工种安全技术操作规程，按规定配备安全技术管理人员；要制订切实可行的创建“安全文明工地”工作方案和措施，并在施工活动中认真落实。安全管理资料完整齐全、真实，如实反映施工现场安全生产的实际情况。

(2)施工现场要保持整洁，原材料堆放整齐稳固，工地内道路平坦、畅通。施工现场的电气设备必须绝缘良好，按规定要求安装有保护装置。线路安装要整齐牢固，按规定的高度和距离架设，严禁拖地敷设。

(3)特种作业人员必须持证上岗，一线作业人员经过全员安全技术教育培训。不得使用不符合标准的起重机械、脚手架和模板等，不得使用自制井字架、自制吊篮、摩擦式卷扬机、木制配电箱，不得使用无生产许可证或质量不合格的钢管、扣件以及国家已明令禁止使用或淘汰的建筑机械设备。

(4)安置县、市(区)人民政府、移民村迁安组织和工程参建各方要建立日常安全检查制度，对检查中发现的安全隐患要逐项登记，制定整改措施，并限期整改。

(三)责任管理

(1)工程质量安全监督管理人员不得索贿、受贿，不得参加可能影响监督管理工作的一切活动，不得要求施工单位或者其他被检查单位购买其指定的设备、器材、防护用品或者其他产品，不得徇私舞弊。

(2)工程监理单位不得承担与自己有利害关系单位的监理业务，不得违法违规转让监理业务，不得在资质证书许可范围之外从事工程建设监理。要严格执行验收标准，工序质量验收不合格的，不得进行下一道工序。不得随意更换项目主要负责人。

(3)项目施工单位不得在资质证书许可范围之外从事建筑施工活动，不得擅自改变图纸和技术标准进行施工，不得在施工中偷工减料，不得随意更换项目主要负责人。

(4)安置县、市(区)、乡(镇)人民政府和移民村迁安组织不得将工程发包给不具有施工资质和安全生产条件的施工单位施工，不得盲目压缩施工工期，不得私自肢解工程项目。

(5)各省直包县工作组、各级纪检监察部门对移民新村建设工程质量和施工安全管理进行监督检查。

(四)落实“四位一体”

1. 政府监督

每个移民新村建设项目现场，至少有建设系统派出的两名质量监督人员进驻，全省共选派134名质量监督员，对新村建设质量进行全过程监督。质量监督人员代表政府行使监管责任。

2. 中介监理

受业主委托，每个移民新村都有一个或几个专职监理单位监督工程质量，对移民新村建设的全过程进行监督。

3. 企业自控

每个施工单位必须具备三级以上资质，且执照齐全；项目施工单位要建立健全质量保证体系，设立企业内部专职质量安全检查员；不得在资质证书许可范围之外从事建筑施工活动，不得擅自改变图纸和技术标准进行施工，不得随意更换项目主要负责人。

4. 移民参与

房屋建设每一个关键程序，除了由建设单位、监理、监督人员签字把关，移民代表还必须签字把关，没有移民代表签字，决不允许转入下一个建筑程序。新房验收时，如果移民代表不认可，工程就不能交工。

（五）严把“六道关口”

一是严把招标投标关；二是严把市场准入关；三是严把材料进场关；四是严把施工工序关；五是严把质量监督关；六是严把竣工验收关。无论哪一个环节出现问题，不管是什么时候，不管责任人到什么岗位，一经发现，都要一追到底，严惩不贷。

四、房屋建设检查及验收

在移民房屋建设过程中，为确保移民房屋质量和安全，省移民安置指挥部办公室对移民房屋建设进行了全过程的监督和检查，通过互督互查、阶段性检查和综合检查，保证了移民房屋的质量和安全。在移民搬迁前，通过企业自验、县级初验及市级复验，省移民安置指挥部办公室又组织有关人员对移民房屋进行最终验收，保证了移民搬迁的顺利进行。

（一）移民房屋建设检查

1. 互督互查

在移民房屋建设过程中，为加强移民房屋建设质量管理，促进各地间互相学习，客观、公正地评价各地移民房屋建设情况，充分调动移民房屋建设的积极性，确保高质量地完成移民房屋建设，省移民安置指挥部每月统一组织一次全省移民房屋建设互督互查，并以县为单位进行考评排序。互督互查工作由省移民安置指挥部办公室统一组织，分别由25个包县工作组组长带队，并从所包县建设部门抽调1～2名工程技术人员，会同省移民安置指挥部办公室各组有关人员1～2名组成督察组，每月月底赴各地（市）对移民房屋建设工程管理、工程质量和工程进度进行督察。督察结束后，各督察组分市、县（市、区）写出专题报告，经省移民安置指挥部办公室统一汇总后，印发客观公正、有棱有角的互督互查通报。互督互查的结果，不仅作为考评各地（市）移民房屋建设的重要依据，也作为省移民安置指挥部对省直包县工作组年度考核的重要依据。

2. 阶段性检查

根据省移民安置指挥部的安排部署，以及河南省丹江口库区各批次移民安置实施意见的要求，在移民房屋建设的各主要时间节点，省移民安置指挥部办公室都对关键阶段的移民搬迁安置工作进度、建房质量与安全、项目管理、资金管理、招标投标管理、优惠政策落实等方面进行阶段性检查与考核，并根据考评结果，分阶段对先进单位进行奖励，对落后单位进行通报批评，达到激励先进、鞭策落后的目的。

3. 综合检查

河南省南水北调丹江口库区各批次移民搬迁结束后，省移民安置指挥部办公室对各市、县（市、区）移民搬迁安置情况进行综合检查评比。根据综合检查评比情况，省移民安置指挥部举行了高规格的表彰大会，大张旗鼓地表彰和奖励在移民搬迁安置过程中涌现出的先进单位和先进个人，有力地促进了丹江口库区的移民安置工作。

(二)移民房屋验收

根据河南省移民安置指挥部办公室有关规定,河南省南水北调丹江口库区移民房屋验收分四级逐级进行,一是企业自验,二是县级初验,三是市级复验,四是河南省移民安置指挥部终验。

第四节　基础设施和公益设施建设

一、基础设施建设的主要内容

移民新村基础设施建设主要分为点(安置点)外基础设施建设和点内基础设施建设。其中,点外基础设施是指:对外连接路;10 kV 高压线路;通信广播线路;有线电视线路;污水处理设施及排水设施。点内基础设施是指:点内道路(主、支街,宅前路);供、排水设施;供电设施;通信广播设施、有线电视设施、消防设施、广场、新村绿化、垃圾处理设施等。

二、公益设施建设的主要内容

移民新村公益设施建设主要包括学校、村部、便民超市、卫生室、公共活动设施等。

三、基础设施和公益设施建设主要成果

南水北调丹江口移民新村建设有以下几个特点:一是规划科学,设计合理;二是设施完备,功能齐全;三是村容整洁,环境优美;四是生活方便,移民满意。移民搬迁后,移民新村更是楼房整齐划一,道路笔直平坦,路灯节能环保,树木生机勃勃,已成为当地社会主义新农村的示范村。

第十三章　大规模外迁移民集中搬迁

在河南省委、省政府的坚强领导和国务院南水北调办的精心指导下，经过河南省各级各有关部门精心组织、共同努力、连续奋战，河南省分别于2009年8月28日、2010年9月4日、2011年10月26日完成了试点1.11万人、第一批6.49万人、第二批8.61万人的南水北调丹江口库区移民搬迁任务，顺利实现了“平安、文明、和谐、搬迁”和“不伤、不亡、不漏、不掉一人”的搬迁目标，圆满完成了河南省委、省政府提出的“四年任务、两年完成”的安置任务，夺取了移民迁安工作的重大胜利。

第一节　前期准备

河南省为保障丹江口库区移民顺利搬迁，及早动手，扎实做好有关前期准备工作：制订了周密完善的搬迁实施方案，成立了高规格的搬迁指挥机构，加强了对移民搬迁工作的领导；组织新闻媒体加大宣传力度，在全省形成了支持搬迁、积极搬迁的良好氛围；抽调人员进村入户，对移民群众中存在的矛盾进行全方位排查并积极化解，确保了移民群众和谐搬迁。

一、制订完善搬迁方案

河南省移民安置指挥部办公室把移民搬迁实施方案制订作为保障搬迁实施的重要基础性工作，在每批移民房屋建设即将完成时，就提前着手、提前谋划，对移民搬迁实施方案制订工作进行了安排部署。在方案制订过程中，工作人员充分吸取了试点移民搬迁经验教训，制订方案初稿。为确保方案的科学性、指导性和严密性，河南省移民安置指挥部办公室在内部多次充分讨论的基础上，又广泛征求了省直有关部门和有关市（县）的意见，修改稿件十余次，历经一个多月，才最终定稿。在方案中，明确了搬迁任务和搬迁时限；明确了各级各有关部门的职责分工；明确了移民搬迁的原则；对移民搬迁前的新村验收批复、特殊人群健康和学生情况调查、债权债务处理等，搬迁中的物资装卸、车辆通行、安全监管、医疗卫生保障，搬迁后的“一对一”帮扶、弱势群体安置、学生入学、有关手续办理、村级班子建设等各项工作进行安排部署；对移民群众的吃、住、行、医、用等生活细节，都做到了通盘考虑；建立健全了移民搬迁指挥体系。市（县）移民指挥部办公室也根据省实施方案，结合实际，进一步细化完善，并将责任分解，落实到人、到事，制订了具体的可具操作性的实施方案。

二、建立健全指挥机构

河南省南水北调丹江口库区移民安置指挥部设立了总协调和副总协调，副省长、省移民安置指挥部指挥长刘满仓任总协调，省长助理、移民安置指挥部副指挥长何东成和指挥部副指挥长兼办公室主任王树山任副总协调，下设综合协调、交通运输、安全保卫、医疗卫生、库区协调、宣传报道、信访稳定、督促检查等 8 个组，各司其职、各负其责，密切配合、通力协作，时刻掌握和驾驭移民搬迁全局；实行联系市指导组制度，由省移民安置指挥部有关领导分别联系 6 个省辖市，协调处理搬迁中的有关问题；成立了河南省移民搬迁指挥中心，由省移民安置指挥部办公室人员 24 小时值班，及时处理搬迁过程中出现的具体问题。

地方各级党委、政府也对移民搬迁工作高度重视，纷纷成立了移民搬迁指挥中心、前线指挥部和突发事件应急指挥部，党、政一把手亲自挂帅、亲自部署，并深入一线、靠前指挥，分管领导具体负责，身先士卒，亲力亲为。如淅川县搬迁指挥中心设置了中心指挥长席、综合协调调度席、公安交警指挥席、道路通行保障席、用电安全保障席、卫生安全保障席、航运安全保障席、气象石油通信服务席、应急处置席、后勤保障席 10 个席位，抽调公安、交通、电业、卫生、后勤、航运、气象、通信、石油等部门工作人员，脱离原工作，全力服务移民搬迁工作。由此，全省上下形成了领导有力、协调到位、运转高效、保障及时的移民搬迁指挥体系。

三、层层宣传发动

河南省南水北调丹江口库区移民安置指挥部办公室详细制订了每批移民搬迁工作宣传报道方案，对报道的主题、内容和方式进行了详细谋划，并分别针对报纸、广播、电视等不同类型媒体制订了细化方案。适时召开了移民搬迁新闻发布会，向中央和省（市）媒体介绍了南水北调工程的重大意义、做好移民工作的体会和面临的困难和挑战。移民安置指挥部有关领导做客人民网、河南人民广播电台等，详细阐述了移民搬迁、生产生活安置、各类补偿补助标准、有关帮扶政策等，系统宣传了移民搬迁工作。与省新闻工作者协会联合下发了《关于开展河南省南水北调中线工程好新闻奖评选活动的通知》，激发媒体记者宣传报道的积极性。搬迁前夕，组织省直主要媒体，深入淅川库区一线进行采访。对迁安两地的欢送、欢迎仪式进行了报道。在《河南日报》开辟了“关注南水北调移民安置工作”专栏，集中宣传阶段性工作和先进典型，并在单日搬迁超过 3 000 人时在《河南日报》头版刊登搬迁简讯，各地也采取群众喜闻乐见的宣传形式，对移民搬迁进行宣传。如淅川县在搬迁前深入开展讲意义、讲大局、讲形势、讲政策、讲法制、讲安置地的奉献的“六讲”主题教育，强化比土地、比区位、比补偿、比规划、比补助、比发展环境、比发展前景、比过去的移民政策的“八对比”宣传教育活动，在广大移民中叫响“早搬迁、早发展”的口号，努力增强移民搬迁的主动性。河南省各级通过多角度、全方位、大力度、广覆盖的舆论宣传，宣传了政策，树立了典型，弘扬了正气，营造了良好的社会氛围。

四、积极排查矛盾和问题

为了确保移民顺利搬迁，河南省在每批移民搬迁前集中进行为期两个月的“矛盾排查月”活动。一方面，下大决心，抽调足够力量，深入基层，排查矛盾。淅川县从县、乡两级党政机关和教育系统的行政工作人员中，抽调了 3 800 多人次，组成了库区移民搬迁矛盾排查化解专项工作队，对各个移民村的矛盾纠纷进行拉网式排查。共排查各类问题 3 500多起，其中重大矛盾隐患 10 余种类型 1 000 多起。另一方面，对各种矛盾排查建立化解机制。对排查出来的矛盾和问题,按照债权债务、线上林地、集体财产分割等类型,进行分列登记,按照工作流程,建立了五种工作台账,即接访台账、上三级转办案件办理台账、矛盾排查和安全稳定信息台账、信访信息综合台账、矛盾化解工作责任台账。并通过定人员、定责任、包调处、包化解和跟踪督察、定期考核等措施,使各种矛盾纠纷和重大不稳定因素都得到了有效化解,为移民搬迁的顺利进展扫清了工作障碍。同时,积极接待群众来访,并通过日报、周报、月报等形式,及时给领导反馈信访动态,提出解决问题的具体建议,使一大批移民群众的上访问题在淅川县内得到了有效化解,最大可能地降低了阻碍搬迁事件的发生。

第二节　搬迁实施工作

在移民大搬迁工作中,为实现"平安、文明、和谐、搬迁"和"不伤、不亡、不漏、不掉一人"的搬迁目标,河南省采取了一系列措施:制定了严格的搬迁申报审批程序,维护了移民群众的切身利益;细化了各项安全保障措施,确保了运输安全;通过各种手段加强各级各部门之间的沟通协调,形成强大合力;为移民群众提供热情周到的服务,使移民群众没有后顾之忧,从而积极支持搬迁。

一、严格规范搬迁程序

为避免不具备搬迁条件情况而仓促搬迁现象的发生,切实维护广大移民群众的切身利益,河南省对搬迁程序做了严格的规定。

(一)严格新村验收程序

在移民新村具备搬迁条件后,首先由县级移民安置指挥机构组织对移民新村房屋、基础设施和公益设施等项目全面验收,通过后组织移民个人或迁安组织代表对房屋进行检查,并提请相关省直移民迁安包县工作组审核,合格后向市级移民安置指挥部办公室提出搬迁申请。市级移民安置指挥部办公室复验合格,并审查搬迁实施方案、搬迁后续工作安排等具备搬迁条件后,将搬迁申请连同省直移民迁安包县工作组组长签署的同意搬迁意见,提前 7 天报省移民安置指挥部办公室审批。省移民安置指挥部办公室收到后,组织现场检查、验收和审核批复,批准后方可搬迁。

(二)严格搬迁计划发布和变更程序

移民新村经验收合格并批复同意搬迁后,安置地提前 3 天将包含搬迁时间、搬迁规模、行车路线、车辆数量、联络人等信息的搬迁计划上报省移民安置指挥部办公室。省移民安置指挥部办公室在征求淅川县意见后,向省交通运输厅等有关厅局和安置市(县)发布搬迁预告,作为每批次移民搬迁的指令。搬迁预告一经发布,不得随意变更。若因天气、道路原因确需变更的,须及时上报确定后的搬迁计划;若因其他原因确需变更的,必须逐级报省移民安置指挥部办公室审批。

二、深化细化保障措施

在移民搬迁前,河南省迁安两地为确保移民顺利搬迁,做了大量艰苦细致的保障工作。

(一)做好搬迁车辆保障工作

搬迁车队除客、货车外,都配备有工作车、警车、故障维修车。交通、交警部门专业人员对签订合同的车辆进行复检,对符合条件的车辆现场拍照并发放“特别准运证”。交警部门对核准的运输车辆司机进行搬迁业务培训,发放“特别驾驶证”,并进行有关时速要求、装车要领、安全高度、指挥信号、组织纪律等培训。

(二)做好特殊群体和医疗卫生保障工作

在搬迁前迁安两地对移民村老弱病残孕、鳏寡孤独、五保户、精神病人等特殊群体情况进行了全面了解和掌握,制定出了特殊的搬迁措施;卫生部门派出综合能力强、医护技术水平高的人员,抽调车况好的救护车辆,配备必要的药品,全程保障移民搬迁医疗安全。

(三)做好安全通行保障工作

淅川县对涉及移民搬迁的道路、临时道路、停车场等进行全面维修;在水路搬迁时,移民干部身着救生衣,在轮渡四周排成人墙为移民护航,确保移民群众生命财产安全;迁安两地特别是淅川县抽调大量警力在移民搬迁途经路口维持交通秩序,确保移民搬迁车队快速安全通行;交通部门为配合移民搬迁,调整道路维修计划,并派路政车全程接力护送。

(四)做好移民生活临时保障

每辆客车都配备车长、1 名联络员、1 名卫生员、1 名工作人员、2 名驾驶员,全程护送移民安全到达。迁入地有专人引导入户,为每户移民备好了 1 周的生活必需品,并组织服务队提供全方位、“保姆式”服务。

(五)做好防汛防暑保障工作

移民搬迁期间,正值高温多雨、天气多变时期,为做好防汛防暑工作,安置地选派的客车、救护车都配备有空调设备,货车配备有帐篷、灭火器等防雨防火用品。

三、强化组织协调机制

为加强搬迁期间组织协调,河南省移民安置指挥部对省直有关厅局、省直厅局包县工作组、迁安市(县)的职责做了详细界定,并将省交通、卫生、公安等有关部门,以及南阳市、淅川县迁出市(县)主要领导纳入河南省移民搬迁组织领导机构。河南省、南阳市移民安置指挥部办公室派出处级干部常驻淅川县,现场协调解决有关问题。在移民搬迁期间,河南省各有关单位都实行 24 小时带班值班和日报告制度,确保能够及时协调解决有关问题。迁安双方都互派联络员,特别是安置地都提前派人到库区移民村进行调研,了解和掌握搬迁移民需运输的人员和物资情况,制订详细的运输方案。河南省、南阳市、淅川县还分别建立了手机短信发送平台,及时发布搬迁有关信息,通报有关情况。这样,河南省各级各部门既各负其责,又通力协作,形成了统一领导、分级负责、县为基础,以迁入地为主、迁出地配合,各有关部门主动服务的搬迁工作机制。

四、提供亲情周到服务

在搬迁期间,河南省各级各部门对移民群众提供了细致周到的服务,使移民群众真正感受到了党和政府的温暖。

(1)搬迁前,迁入地主要领导亲自带领工作人员和搬迁车队到库区迎接,迁出地组织服务队伍帮助移民装运家具,组织干部群众举行欢送仪式,并由县、乡主要领导带领人员一路护送到新村。

(2)搬迁中,每批次都有卫生部门专门组织的医疗救护车队和医护人员,携带救急药品和器械,为移民群众特别是年老体弱、临产孕妇、高危病人等特殊群体提供医疗卫生服务;公安、交警人员头顶烈日,坚守岗位,日夜保障移民生命财产安全;电力部门组建移民搬迁服务队,投入应急发电设备,确保移民搬迁用电安全;交通运输部门为移民开辟"绿色通道",免除移民搬迁路桥通行费,同时积极开展优质服务活动,在搬迁车队休息的服务区,为移民每人免费分送一份面包、茶水、火腿肠等。

(3)移民到达安置地后,各地都举行了简朴热烈的欢迎仪式,由专人引导入户,成百上千名服务队员帮忙卸车、搬运,并备好了米、面、菜、油、炉具等可满足1周生活的必需品,有的地方还专门安排县、乡干部为移民做好第一顿安家饭,帮助移民正确使用液化气,及时熟悉当地的生活方式。同时,教育、民政、公安等部门及时办理各种手续,保持各种手续的连续性,确保移民利益不因搬迁而受影响。

第十四章 后续帮扶工作

自河南省南水北调丹江口库区移民工作开展以来,省直有关部门和相关市、县、乡按照省委、省政府的统一部署,结合本单位的职责分工和移民实际,强化领导,精心安排,分别制定了移民迁安的具体配套政策,在项目、资金、政策、技术等方面积极开展移民帮扶工作,据初步统计,累计帮扶资金 60.22 亿元,其中直接帮扶移民资金 22.22 亿元,向 25 个安置县(市、区)倾斜支持项目资金 38 亿元。各项资金和帮扶政策的及时落实,为推进移民工作顺利进展、巩固移民迁安成果起到了重要作用。

第一节 搬迁后的生活帮扶措施及成果

丹江口库区移民为南水北调工程建设做出了巨大的牺牲,他们背井离乡,搬迁到新的不熟悉的地方生活,是一个艰苦的历程。加强对移民的社会帮扶工作,帮助他们尽快适应新环境,开始新生活,使他们尽快融入当地社会,是全面贯彻科学发展观、建设小康社会的具体体现,也是促进库区、安置区社会稳定的必然要求。

每一批丹江口库区移民搬迁后,河南省移民安置指挥部办公室及各地都采购了米、面、油、蔬菜等满足 1 周生活的大礼包,挨家挨户送到移民手中;为了帮助已迁移民切实解决好搬迁后遇到的生产生活困难,进而使移民群众时时刻刻感受到党和政府的关怀与温暖,尽快安下心、扎下根,融入当地社会,河南省及时开展了各项后续帮扶工作,在冬季、元旦和春节来临之时,各级各部门又开展了内容丰富多彩的“送温暖”活动,送钱、送物、送文化、送科技、送医药,受到了移民群众的热烈欢迎。移民群众纷纷感谢党和政府对他们无微不至的关心关怀,对美好未来更加充满了信心和希望。据统计,通过送温暖活动,全省累计发放送温暖资金 1 527 万元,其中试点移民 343 万元,第一批移民 1 184 万元。

丹江口库区移民搬迁后,对移民的生活帮扶有以下几个特点:

(1)领导重视,认识高。库区移民为了国家重点工程建设,背井离乡,远离故土,重建家园,生存环境发生了巨大变化。搬迁之后,生产生活还不稳定,心理情绪还比较脆弱,尤其移民群众是否能够和谐稳定、幸福愉快地度过搬迁之后的“磨合期”,对于整个库区移民工作是否顺利、库区和安置区社会大局是否稳定起着至关重要的影响。为此,河南省委、省政府站在讲政治、讲大局和以人为本、关注民生的高度,切实把移民搬迁后的生产生活问题摆上重要日程,在冬季和春节来临之际,对搞好送温暖活动专门听取汇报做出指示,实施过程中又多次过问。在河南省委、省政府的重视下,各级党委、政府和各部门,动员方方面面的力量,扎实开展送温暖活动,最大程度地对移民进行关心和帮扶,确保移民“搬得出、稳得住”。

(2)安排具体,行动早。各批次移民搬迁前,各地就制订了实施方案,对活动的指导思想、活动对象、活动时间、活动原则、活动内容、资金安排、职责分工、工作要求等进行了明确规定,对整个送温暖活动进行详细的安排部署。省、市、县、乡(镇、街道)、村及时成立了移民送温暖活动领导组织,明确专门办事人员,为活动的扎实有效开展提供了坚强的组织领导保障。各地送温暖实施方案,由河南省移民安置指挥部统一审批。活动期间,河南省移民安置指挥部组织专人巡回各地,对送温暖活动进行督导检查,及时掌握送温暖活动动态。

(3)上下联动,力度大。为切实搞好送温暖活动,省移民安置指挥部办公室和省直单位带头行动。在资金筹措上,省移民安置指挥部办公室按每人50元的标准,拨付送温暖活动专项经费;省直移民迁安包县工作组不讲条件、不讲困难,积极出点子想办法,挤出本单位的办公经费,筹集送温暖资金;市、县两级政府和有关职能部门积极筹措资金,进行全方位、大力度的帮扶。各地市办主要领导亲自带领有关部门深入移民村慰问,和移民群众一起过大年。省直厅局包县工作组,多方筹措资金和物品,厅局主要领导带队,深入分包的移民安置县(市、区),送去钱、棉被、棉衣、米、面、油等生活用品,并对特困户、军烈属、五保户等送去特别的关怀。

(4)内容丰富,形式活。在活动形式上,河南省注重做到"四个结合",即:把送温暖与促进解决困难移民最紧迫、最直接的现实利益问题结合起来,把全面帮扶与解决特殊困难群体的突出问题结合起来,把重大节日救助与日常帮扶结合起来,把为移民办实事、求实效与营造良好氛围、扩大社会影响结合起来,真正使送温暖活动成为各级各部门真诚服务移民、切实改善民生的"窗口"和"名片",成为各级党委、政府在移民工作中彰显作为、促进社会和谐的响亮品牌。在第一批移民送温暖活动中,河南省指挥部办公室联合省文化厅、河南省歌舞演艺集团,深入基层体验生活,精心排练了《一脉相牵、情系移民》慰问移民大型文艺演出节目,春节前在6个省辖市和淅川县巡回慰问演出,同时还通过邮政部门向已迁移民,每户送去一封慰问信,起到了很好的示范带动作用。省卫生厅组织省直医院有关专家,深入分包的辉县市对移民进行义诊,并送去常用药品、挂历和春联等。同时下发通知,要求6个省辖市25个移民迁安县(市、区)卫生部门对移民全面开展一次"慰问义诊送温暖"活动。淅川县作为库区移民的迁出县,在"双节"期间,该县曲剧团精心排练了10多个地方传统经典剧目,辗转市内、市外几十个移民安置点轮流演出,受到了移民乡亲的热烈欢迎。各地结合实际,纷纷开展了以送款物、送文化、送健康、送技术、送项目、送点子、送春联、送祝福、送亲情、送服务为主的"十送"活动,尽可能满足移民群众不同方面的需求。

(5)组织周密,效果好。为确保送温暖活动实现全覆盖,河南省要求各级各部门对特困及伤病移民进行了认真细致的摸底排查,对有关情况进行登记建档,包括户主姓名、家庭成员状况、困难原因、所在小组、居住位置等,做到不漏一户、不落一人。在全面调查摸底的基础上,要求市、县有关部门组织好人力、物力、财力,列出送温暖活动的详细时间表,迅速投入到送温暖活动中去。地方各级各部门负责同志在送温暖活动中自觉落实"一帮一"措施,带头走在送温暖活动的第一线。各级包县包村包户干部深入到所分包的移民安置点慰问移民群众,给移民群众送钱送物,把党和政府的殷切关怀和新春祝福送给移民群众,并在活动中与移民群众结下了深厚感情。同时,省、市、县三级报纸、电视、广播、网络等新闻媒体,对活动开展情况进行了全程全面的报道,充分调动各方参与送温暖活动的积极性，切实营造了浓厚的氛围。通过周密部署安排，精心组织实施，河南省的送温暖活动真正成了“惠移民工程”“暖人心工程”，不仅起到了稳定移民情绪，解决移民困难的作用，而且达到了摸清情况、解决问题、转变作风、增进感情、锻炼干部、推进工作的目的，增加了广大移民对迁入地党委、政府的认同感，为巩固移民迁安成果和做好下步各项工作奠定了坚实基础。

第二节　搬迁后的生产开发帮扶措施及成果

在库区试点和第一批移民搬迁后，河南省移民安置指挥部办公室、省直有关部门和有关市（县）采取了形式多样的帮扶活动，强力推进移民生产开发工作。据初步统计，河南省直接对移民帮扶资金 20.92 亿元，其中省直有关部门 14.26 亿元，有关市（县）6.66 亿元。

一、河南省移民安置指挥部办公室帮扶措施（措施不全）

（一）生产开发奖补资金

试点移民搬迁后，河南省移民安置指挥部办公室共为 12 个试点移民村下拨生产开发奖补资金 2 000 万元，用于养殖园区建设，帮助移民发展生产。第一批移民搬迁后，为做好河南省南水北调丹江口库区移民生产开发工作，省移民安置指挥部印发了《关于我省南水北调丹江口库区移民生产开发指导意见》（豫移指〔2010〕33 号），为第一、二批搬迁移民下拨生产开发奖补资金 3 878 万元（养殖园区征地费用已列入实施规划）。

（二）后期扶持项目资金

河南省共为南水北调丹江口库区试点、第一批移民下拨后期扶持项目资金 7 150 万元，其中试点移民 2 650 万元，第一批移民 4 500 万元。

二、省直有关部门帮扶措施

（一）资金帮扶

在移民迁安过程中，省直有关部门认真贯彻落实河南省委、省政府有关移民帮扶方面的部署和要求，结合部门职责和实际，及时出台了具体的帮扶政策，整合各类支农惠农资金，大力支持移民迁安工作，使移民新村建设标准大大提升，使移民群众得到了更多的实惠。目前涉及的省直 36 个部门都已出台了具体的帮扶政策，其中，财政厅为每个移民新村建设安排资金 50 万元，移民建房搬迁奖补每人 2 000 元，并按迁安移民人数每人 200 元的标准在迁安两地分别计列工作经费；国土厅把移民生产用地纳入土地整理范围；教育厅把移民学校建设全部纳入校安工程和维修工程的补助范围；交通厅为移民村对外连接路每千米补助 10 万元，并免收移民搬迁过路过桥通行费；水利厅把移民纳入安全用水和农田水利配套范围；农业厅将移民沼气池全部纳入补助；卫生厅为每个移民村卫生室建设补助 1 万 ~5 万元；林业厅为每个移民村安排绿化资金 5 万元；体育局为每个移民村安排体育设施资金 5 万元；人社厅统筹安排移民就业培训，并把移民纳入新农保等。

(二)其他形式帮扶

省住房和城乡建设厅上下连动,多次召开全省住建系统会议对移民新村建设进行动员部署,举全省建设系统之力,不讲条件,不计代价,坚决打赢移民新村建设这场硬仗。从户型设计、招标投标、材料进场、施工质量、建房进度、竣工验收等各个环节加强管理。从全省建设系统抽调近两百名工程质量监督员常驻移民新村建设现场,对整个建设过程进行全过程技术指导和跟踪监督管理,打造"放心工程",保证了移民建房和基础设施建设任务圆满完成。省工商局、省技术监督局等单位也积极发挥行业优势,对移民新村建设的建筑材料进场和有关设备检验进行严格把关,确保质量合格。省文明办与省移民指挥部办公室联合开展了创建"迁安移民文明村"活动;省公安厅免费为移民办理户籍、车船和驾驶证属地的迁转工作,维持迁安区良好的社会治安环境、为移民搬迁提供服务保障;省司法厅发文要求各级司法部门做好移民迁安区的法制宣传教育、人民调解、法律服务和法律援助等工作。省委组织部、省委宣传部、省委政法委、省委农办、监察厅、工信厅、科技厅、商务厅、地税局、广电局、粮食局、信访局、新闻出版局、计生委、国资委、《河南日报》、河南电视台、河南电台等部门和单位,各尽所能,充分发挥行业优势,在政策、资金、技术、人力、物力等方面进行了大力帮扶,着力打造平安新村、和谐新村、文明新村。

三、市(县)帮扶措施

各地为做好移民搬迁安置工作,按照省委、省政府的统一安排,出台优惠政策,整合支农惠农资金,倾力支持移民。帮扶主要表现在以下几个方面。

(一)对新村建设进行补助

各地为把移民新村建设成社会主义新农村示范村,出台奖补政策,如平顶山市对建设二层房屋的移民户每户奖励8 000元。南阳市对按要求建房的给予每户以奖代补1 500～8 000元;郑州等地也出台了类似的措施。另外,各地还在移民村部、学校、超市、卫生室、屋顶防水、院墙门楼建设等方面给予了资金支持。

(二)对生产用地划拨进行补助

由于国家规划的征地和地面附属物补助标准过低,在实际工作中困难重重。河南省部分地方出台了奖补政策,如郑州市拿出9.8亿元,对每亩土地另外奖补7 000元,地面附属物每亩奖补1 500元;在生产用地分配过程中,各地为满足移民提出的人均净地1.05亩或1.4亩的要求,自筹资金,多征了一部分土地。

(三)对生产开发进行帮扶

各地为使移民早日致富,积极谋划移民培训就业和生产发展,在省直有关部门出台优惠政策的基础上,有关市(县)国土、水利、农业、人力资源和社会保障、扶贫等部门也下达配套资金,给予大力支持。

四、向移民安置区倾斜支持项目

在对移民进行直接帮扶的同时,考虑到移民迁安县(市、区)做出的巨大牺牲,河南省发改委、财政厅、国土资源厅、水利厅、工业和信息化厅等部门也加大了对25个县(市、区)的倾斜支持力度,在农村道路、土地整理、农田水利、农村沼气、农村饮水、生态治理等方面优先安排了一批项目。据不完全统计，省直有关部门已累计落实帮扶资金38亿元。如国土资源厅已落实有移民安置任务的5个县(市)土地整理项目投资17亿元，省水利厅共安排25个县(市、区)农田水利和农村饮水安全工程建设资金10.525 8亿元；省工信厅支持资金2.555 9亿元，主要包括工业产品出口补贴、中小企业担保机构补助、工业项目贴息、节能减排补助资金等。

丹江口库区帮扶工作，在省委、省政府的坚强领导下，各级各部门强化领导，整合资源，强力帮扶，取得了显著成效，为移民搬得出、稳得住、快发展、能致富创造了条件。

第三节 开展移民社会帮扶工作的体会和经验

一、帮扶工作要切实解决移民的实际需求

开展丹江口库区移民帮扶工作，一是要关心、理解、尊重移民。移民不是特殊公民，但却是特殊群体，他们为国家的重点工程建设做出了奉献，背井离乡，重建家园。因此，作为政府部门，更应该学会换位思考，继续树立"心系移民，情系移民"的理念，对他们多份关心，多份理解，帮助他们克服困难，发展生产，在某些方面给予力所能及的倾斜照顾，并切实为他们做点好事实事。

二是帮助移民提高就业技能，实现劳动力转移。安置地的产业结构、从业技能要求，乃至有土安置后的种植结构及耕作方式等相比库区都发生了很大的变化，从客观上给移民的就业带来很大的不适应。而且由于各安置地地理区域、功能定位及经济发展存在较大差异，个别安置地尚缺乏工业产业的有效支撑，移民实现就近就业有一定困难。从移民自身讲，大多数移民没有什么一技之长，只能从事简单的没什么技术含量的工作。但是移民对就业的期望值又很高，希望干的活是又轻松又高薪，甚至有些移民在就业上坚持"三不干"(月工资低于1 000元的不干，日工作时间8小时以上的不干，脏活重活不干)。政府要在移民就业问题上做文章，如举办各类培训班、鼓励企业优先吸纳移民就业等，帮助移民就业和发展，从而温暖民心、稳定人心，切实改善党政干群关系，促进移民生产发展。

二、帮扶工作要建立长效机制，着眼移民长期发展

移民社会帮扶关系到移民的稳定和发展，因此一是要充分认识移民社会帮扶工作的复杂性、长期性和艰巨性，深刻认识到当前乃至今后一段时期内移民工作的重点是移民搬迁后的生产发展和社会稳定。要本着以人为本的工作原则和指导思想，正确认识、分析和评价移民的社会心理与行为，开展移民后续帮扶和生产发展工作，决不能有丝毫的放松和麻痹。

二是要建立健全移民社会帮扶工作制度，逐步实现制度化、规范化。要认真贯彻中央和省关于南水北调丹江口库区移民帮扶的有关政策，明确职责，有效地协调各相关部门的工作，为移民社会帮扶提供组织和制度保障，避免工作的盲目性和随意性。

三是要坚持调查研究，坚持实践、摸索，要有一个打"持久战"的思想准备，最终实现"搬得出、稳得住、能发展、快致富"的最终目标。移民与当地社会的完全融合需要一个较

长的磨合过程，老的问题解决了，新的矛盾还会涌现，在保证领导到位、组织到位、责任到位、精力到位的同时，还要不断研究新情况，解决新问题，还要强调移民虽不是特殊公民，但是一个特殊群体，在具体帮扶上要有高看一等、厚爱一层的意识，使帮扶工作真正收到实效。

四是要建立健全帮扶工作的长效机制。在政治上对移民给予更多的关心，在提高移民素质上下大力气，加大教育和培训力度；引导移民正视当前的困难，自力更生发展经济；积极探索，进一步完善帮扶机制，突出帮扶工作中的全局意识、创新意识、服务意识。

五是要切实维护稳定。移民维稳工作关系到安置地稳定，关系到移民的生存和发展，没有稳定一切都无从谈起。要树立维护移民稳定就是帮助移民发展生产的观念，严格执行移民政策，引导移民发扬吃苦耐劳、艰苦奋斗的优良作风。对于移民的合理要求要及时解决，对于不合理的要善于做好工作，化解矛盾，真正使他们感受到党和政府的温暖，与当地群众共奔小康。

三、要注重帮扶与教育相结合，鼓励移民尽快走上自力更生的发展道路

开展移民社会帮扶工作，要注重帮扶和教育相结合，教育移民彻底改变“等、靠、要”的依赖思想和“特殊公民”的意识。移民的思想教育工作，是一项长期性、复杂性的工作，要正确认识库区移民的特点。库区移民作为一个特殊的群体，其产生的心理变化是有特殊性的，出于对故土的留恋、对新环境的非适应性、现实生活与以前生活的对比和国家对搬迁政策落实的承诺，特别是对搬迁后生产发展的期望等。

做好移民的思想教育工作，一是要从解决领导干部思想问题入手，亲近移民。目前仍有少数领导干部和一些移民工作人员对移民政策吃不透、把不准。要组织广大移民干部认真学习“三个代表”重要思想，树立宗旨意识和科学发展观，不断提高对移民工作重要性、必要性、艰巨性和复杂性的认识，做到在思想上靠近移民、行动上亲近移民，树立起为移民服务、为稳定服务、为发展服务的大局意识。二是要从解决库区移民思想问题入手，教育移民。要引导移民正确处理好国家、集体与个人的关系，使他们能自觉地把国家、集体利益放在首位。坚决抵制那种坑国家、挖集体、图个人私利的行为，提倡自力更生，艰苦奋斗的精神；帮助移民逐步形成健康文明的生活方式和积极向上的生活情趣；由于库区移民思想素质的差异，存在的思想问题也不尽相同，在教育内容、方法上要分层施教，抓“两头带中间”。对移民教育切忌搞空洞说教，要把思想政治教育与后续帮扶工作和生产发展结合起来，充分调动全社会的力量来支持移民工作。三是要从加强宣传工作入手，引导移民。要高度重视和充分发挥宣传工作在移民工作中的作用，利用各种有效传媒载体大力宣传，以正确的舆论引导移民、以良好的氛围感染移民、以强大的社会力量带动移民。四是要从加强法制建设入手，保护移民。要依法保护移民的合法权益，依法行政，满足移民的合理合法要求，增加政策执行的透明度，提高广大移民群众对政府的信任度；同时要加大力度，打击各种违法、违规的犯罪分子；要进一步加强移民法制教育，使农村移民知法、懂法、守法，依法行事。

第十五章 移民信访稳定工作

水利水电工程建设征地移民具有非自愿性、依赖性、复杂性、长期性等特性，在搬迁安置过程中，利益诉求多、矛盾纠纷多、信访上访多、不稳定因素多。南水北调丹江口库区移民工作开展以来，河南省积极借鉴和吸取以往水库移民的经验和教训，把坚持以人为本、搞好移民安置、夯实维稳基础作为出发点和落脚点，狠抓各项政策落实、狠抓各项措施到位，确保移民社会大局稳定。

第一节 移民维稳工作中的主要矛盾及根源

由于南水北调中线工程涉及范围广，触发矛盾多，加上目前我国正处于经济高速发展期、改革攻坚期、矛盾凸显期，移民征迁群众诉求不断提高，社会稳定的要求不断提高，虽然做了大量艰苦细致的工作，但在实际工作中仍存在一些不稳定因素，维稳工作任务比较繁重。从掌握的情况看，目前不稳定因素主要表现在以下几个方面。

一、移民生活环境适应问题

丹江口库区移民情况比较特殊，移民已经历经多次搬迁，由原来居住的山区、库区变为平原，社会环境和生存环境发生较大的改变，移民搬迁后还有很多不适应。第一，气候环境不相适应。淅川县库区是长江气候，比较湿润，移民搬迁安置的地方，多数处于淮河以北。这些地方经济比较发达，土地比较肥沃，但是气候、环境条件不如淅川县移民群众原来居住的地方。第二，社会关系的临时割断带来的不适应。多数库区移民村一个村分为两三个安置点，甚至亲兄弟也分开安置在不同的安置点，造成很多亲情关系、社会关系临时割断。第三，生活成本过高和实际收入不相适应。很多淅川县移民原来烧柴不用花钱，吃水不用花钱，一年四季吃菜不用花钱，生活成本很低。但是，来到新的安置地以后，虽然房子漂亮了，家家户户都是自来水，配了煤气罐，有的通上天然气，但是这些都需要花钱，生活成本提高了。

二、移民的特殊心理问题

依赖思想较重，少数移民有“特殊公民”的意识。移民的社会融合是受安置地村民和移民双重制约的，只有两者之间的互动互利才能实现真正意义上的融合。河南省丹江口库区移民安置工作开展以来，始终把移民工作作为全县首要的政治经济任务，上下齐心，全力以赴，移民工作取得了显著的成效，“情系移民，服务移民”的理念也深入人心，家喻户晓，营造了一个有利于开展移民工作的良好氛围。但同时，无形中也给部分移民造成了移民就是“特殊公民”的错误认识，认为没有移民的支持，南水北调工程就不能建设，移民就是最大的奉献者和功臣，所以一切都得围绕移民，甚至一切都得顺着移民。不能正确客观地评价自己，随着时间的推移，“我是特殊公民”的意识逐渐膨胀，内心产生了排斥他人的心理。部分安置地的村民则认为政府都在围绕移民开展工作，忽视了安置地广大群众的付出和牺牲，认为政府厚此薄彼，重移民轻村民，产生不平衡感。同时，安置地群众认为自己是原住民，自己才是真正的主人，从内心上产生排斥移民的心理。两者之间的角色差异、认识上的差异直接就会表现为观念和行动上的冲突，使移民很难融入当地社会中，也不利于稳定和发展。

三、库区淹没线上群众和安置地原住民问题

丹江口水库淹没线以上涉及群众五六万人，大部分群众没有列入移民搬迁范围。由于移民安置区区位较好，新村建设档次较高，库区生产、生活条件和发展前景较差，库区群众容易产生攀比心理。同时，库区移民新村基础设施、公益设施完善，安置地原住民住的是旧房子，还要调出地来给移民，心里不平衡。这两个方面的问题，成为库区和安置区的不稳定因素。

四、历史遗留问题

在早期水库建设过程中，由于体制机制的原因，存在着“重工程，轻移民”、“重搬迁、轻安置”的倾向，存在补偿偏低的现象。由于水库建设的时期不同，补偿标准各异，工程建设越早，补偿标准越低。如果把补偿标准放在历史的长河中，根据当时的发展水平、生产生活标准等因素确定的补偿标准是正确的。但随着形势的发展变化，再去衡量过去的补偿政策，客观上存在补偿标准偏低的情况，导致解决移民遗留问题的任务艰巨。

五、后续工作问题

河南省南水北调丹江口库区移民搬迁结束后，各市、县及时开展了各项后续帮扶工作，安排解决移民搬迁后的生产生活问题。但由于河南省丹江口库区移民安置时间紧，任务重，安置地相对分散，社会经济条件差异较大，还存在已搬迁移民后续工作不完善的地方，主要表现在：一是移民对房屋的期望值很高，房屋维修工作还将持续相当长一段时间；二是个别安置点土地条件相对较差，移民还不太满意；三是部分安置地对已搬迁移民的技术培训工作进展较慢；四是移民社会帮扶还缺乏长效机制。

产生这些问题的原因，一是当前经济发展较快，利益格局不断调整，群众的法律观念和维权意识不断增强，深层次的历史矛盾和问题不断暴露。受整个社会形势影响，移民征迁问题也通过信访渠道集中反映出来，特别是在干线征迁和库区移民搬迁高潮期间，移民信访问题容易呈现多发情况。二是水利移民补偿标准本身比较低，和其他相关政策规定之间还存在一定棚架现象，加上库区移民搬迁确实给移民和当地群众的生产生活带来了各种各样的影响，移民群众在搬迁安置过程中，客观上也存在一个过渡阶段和心理调整阶段，以适应新的环境和新的生活。这一客观过程容易产生一些信访问题。三是移民征迁政策性强，敏感点多，关注度高，需要核定和落实的周期较长，移民群众情绪容易受到影响。四是乡村基层班子尤其是移民村“两委”班子肩负着移民迁安的直接任务，但由于近年来移民群众一直处于待迁状态，村组青壮年绝大部分外出打工，致使村“两委”班子长

期得不到充实和加强,大多数村组班子软弱涣散,加上原有派性斗争和经济纠葛,特别是一些较大的移民村需要分村安置或部分后靠、部分外迁,村组干部和群众之间矛盾较多,容易把迁安过程中一些局部问题或个性问题酿成信访事件。五是当前社会上还存在一些希望通过多次上访、群体上访、越级上访引起上级关注的苗头,这也是一些信访事件产生的原因。

第二节　采取的主要措施

河南省在南水北调丹江口库区移民安置工程中,始终深入贯彻落实科学发展观,紧紧围绕"保增长、保民生、保稳定"的工作主线,坚持以排查梳理移民关心的热点、难点问题为抓手,以解决好移民群众反映的实际问题为重点,以确保库区移民信访稳定为目标,全力做好移民信访稳定工作,促进了丹江口库区移民搬迁安置的顺利进行和社会稳定。

一、着力落实移民政策

按照"把矛盾纠纷化解在基层,把不稳定因素稳控在当地,把移民惠民政策兑现到实处"的要求,全力维护移民稳定大局。一是转变服务观念,切实改变过去"重工程、轻移民,重搬迁、轻安置,重开发、轻稳定"的陈旧观念,牢固树立为移民群众服务、为移民安定和社会稳定服务的大局意识,妥善解决事关移民群众生产生活的热点难点问题。二是拓宽诉求途径,公开移民群众诉求方式,及时受理移民群众诉求。三是做好深入细致的思想政治工作。移民群众世世代代居住库区,故土难离,如何做好移民群众的思想动员工作,使其响应国家号召,积极搬迁、主动搬迁,是移民迁安工作中最大的难题。为了做好移民群众的思想工作,应利用各种手段加大宣传教育力度,使广大移民群众真正了解南水北调工程建设的伟大意义,了解党和政府有关移民安置补偿政策,了解社会主义大家庭的亲情与温暖,进而统一思想、提高认识、消除顾虑,使移民群众自觉地舍小家、顾大家、为国家,积极主动地响应号召、实施搬迁。四是充分发挥各级政府和基层组织的作用,把移民问题解决在初时环节,解决在基层,有效避免了移民来信转化为来访、初信转化为重访、个访转化为集访。

二、着力解决实际问题

坚持"严格政策、不折不扣、不突不破、妥善解决"的原则,把解决实际问题作为维护移民信访稳定的落脚点,在狠抓落实上下功夫,积极化解移民信访案件。河南省南水北调丹江口库区移民信访来访反映的问题,主要集中在移民人口、安置去向、房屋质量、生产用地、实物错登漏登、村级班子、移民心理适应、移民分户、财产分割、债权债务、建房差价、线上突击建房、线上林地处置、媒体负面炒作等14大类。针对这14大类问题,我们高度重视,分门别类,多策并举,逐项逐类进行解决,化解了矛盾纠纷,消除了不稳定因素,维护了移民的合法权益,取得了满意的效果。

(一)基本化解了有关移民特殊人口问题

由于丹江口库区移民补偿政策较好、安置条件较好、新村建设标准较高、优惠政策较多、后扶政策落实，以及丹江口库区移民的特殊性、复杂性等原因，库区群众由以前的"怕当移民"转为"争当移民"，同时由于库区人口管理不严，出现了一些假移民现象。移民人口问题始终是河南省南水北调丹江口库区移民迁安工作中的一个热点和焦点问题，上访情况较多，成为丹江口库区移民的一大不安定因素。为此，我们组织有关人员，认真调查特殊人口的基本情况，详细分析其中原因，组织专家进行论证，制定完善了移民人口的有关政策和管理办法，确定了19类人口可以认定为移民、16类人口不可以认定为移民。以此为依据，符合政策的，列入移民范围；不符合政策的，做好群众的思想工作，使该问题基本得到解决。同时，加强移民人口核定和打假工作，及时进行张榜公示，坚决剔除不符合政策的假移民，妥善化解了因移民人口而产生的不稳定因素。如：淅川县滔河乡周湾村周治民一家14口人是周湾村的老门老户，因长期外出打工，移民登记手续不全，多次上访。为此，我们派出专门人员三下十堰，对其是否落户、是否有房产进行认真调查，最终确认他们基本符合移民条件，并协调有关部门帮他完善了手续，登记为移民，周治民深受感动。

（二）妥善化解了有关移民安置去向的矛盾纠纷

移民安置去向涉及移民群众的切身利益，涉及移民群众世世代代居住地的确定，移民群众关注度高、期望值高，加上各移民安置点条件差异，在移民安置对接、安置去向确定时，部分移民群众对规划的安置点不愿接受，集访上访时有发生。在丹江口库区移民启动之前，省委、省政府专门召开安置点优化整合工作动员会，把初设时期562个安置点优化为208个。在优化中，坚持"三边"原则，坚持尊重移民合理愿望的原则，坚持科学确定安置去向的原则。对于移民反映合理的，积极予以采纳，及时调整和优化移民安置方案；对于超越政策提出的过高要求，加强教育和宣传，教育移民自觉服从国家安排；对于别有用心、煽动闹事的坚决予以打击。如试点移民中魏营、张湾两个移民村反映移民安置点土地条件差，不愿到安置点去的问题。针对这一情况，我们一方面要求安置地政府重新调整调地方案，提高好地比例，减小差地比例，尽量满足移民的要求；另一方面，认真做好移民的思想工作，使他们体谅安置区的困难，不提过高要求，愉快接受安置。

（三）妥善处理了有关移民新村房屋质量问题

在移民新村建设过程中，河南省高度重视移民房屋质量问题，始终坚持进度服从质量的原则，严格把好质量控制的"五道关口"，坚决贯彻"四位一体"监管模式，认真落实检查评比的"三个机制"，使新村建设质量始终处于受控状态，移民房屋质量总体较好。但由于个别地方质量意识不强、监管不力，个别地方出现了移民房屋地坪空鼓起沙、屋顶渗水、门窗缝隙较大等质量通病，引起了移民较多的上访。对此，我们在进一步抓好移民房屋建设质量的同时，全力做好移民房屋质量排查和修缮工作。多次下发通知，安排部署房屋修缮工作；安排每人300元的房屋修缮资金，为房屋修缮提供了资金保障；多次组织检查，督促各地认真做好移民房屋修缮工作，坚决避免"带病"搬迁。通过工作，使移民在房屋质量方面的上访大为减少。

（四）妥善处理了移民在生产用地方面的调地难问题

在移民上访中反映生产用地方面的问题也比较多，矛盾纠纷也比较多。有的反映划拨的土地数量不够、质量较差、地块分散较远；有的反映土地分配到户后，由于分配过程中的分赊现象，人均分到的地不够规划指标；有的反映土地整理不到位、水利设施不配套。

针对这些问题,我们一方面组织人员认真进行调查,切实解决移民反映的合理问题;另一方面,也结合实际情况,做好移民群众的思想工作,争取移民的理解和支持。通过认真处理,及时协调,化解了许多矛盾和纠纷。

(五)妥善处理了移民在实物补偿方面反映的问题

在这方面移民上访最多的主要是:在移民企业规模认定上,有的移民认为不符合实际情况,认定规模较小,补偿资金较少;有的移民反映,由于各种原因,造成个人财产错、漏登,要求给予纠正或增加;更多的移民反映房屋补偿价格较低,建房资金缺口较大。针对这些情况,我们按照实事求是的原则,认真组织调查复核,对错登的予以纠正,对漏登的做好复核。同时,做好有关政策的宣传解释工作,确保移民的利益不受损害。

(六)妥善处理了移民群众反映的村干部问题

因移民村干部方面而上访的问题主要有:移民村财务、政务不公开、不透明,剥夺了移民群众的知情权;个别村干部利用职权,弄虚作假,把不符合条件的人登记为移民;个别村干部以权谋私,利用移民搬迁之机,侵吞集体财产。对于移民反映的这类问题,积极和有关方面联系沟通,认真进行调查处理。对村级财务必须按照有关要求进行公开,对于假移民问题严格进行查处,对于确有贪污和侵吞集体财产的,移交司法机关处理。同时,我们还邀请省委组织部领导到移民村调研基层组织建设情况,计划与省委组织部联合下文,安排各地要加强移民村两委班子建设,为搞好移民工作打下坚实基础。

(七)妥善处理了移民群众心理适应问题

丹江口库区移民情况比较特殊,移民大多历经多次搬迁,移民迁安后由居住的山区、库区变为平原,社会环境和生存环境发生较大的改变,加上社会关系的临时割裂和邻里关系的临时阻断,移民群众到新的安置地以后生活比较单调,对前景比较担忧,心情比较复杂,心理比较脆弱。另外,由于各方对移民的关注程度和支持程度较高,群众的期望值较高,容易形成政策和期望值之间的落差,诱发一些不稳定因素。对此,我们从移民搬迁到安置地后的第一个春节,组织"关爱移民送温暖"、"迎新春送温暖"活动,及时开展春节慰问;为丰富移民精神生活,多次组织"文艺下乡"等活动;专门聘请卫生厅开展了移民心理健康情况课题研究,组织心理卫生专家到迁安两地,在搬迁前后对移民心理进行咨询,对高危人群进行干预,并到许昌县金营村、临颍县罗山村等问题较多的移民村进行心理干预,以期调整移民的心理状态。

(八)妥善处理了移民分户问题

由于丹江口库区实物登记是在2003年,移民搬迁滞后七八年,加上移民少房户的补助政策,移民要求分户愿望强烈,上访较多。对此,河南省明确责任,要求淅川县结合实际出台了分户管理办法,按照管理办法对移民进行分户,具体程序是由移民提出申请,经村里民主决议、公示后,报县、乡两级审核。

(九)妥善处理了集体财产分割问题

河南省南水北调丹江口库区移民涉及184个行政村,而安置点多达208个,大多数村是一分为二,个别村甚至一分为四、一分为五,财产分割任务很重。省移民安置指挥部办公室明确由移民村内部成立集体财产分割领导小组,根据财产数量、迁出人数等基本情况进行协商,经村里民主决议后签订分割协议。

(十)妥善化解了移民债权债务问题

如淅川县第二批移民"两会一部"(农村合作基金会、民政救灾促进会、农村资金服务部)存款3 492万元,移民村的债权943.68万元,债务达3 485万元,目前全部由县财政解决。

(十一)妥善处理了线上突击建房问题

省移民安置指挥部办公室委托长江委设计院经过调查,线上突击建房涉及库区6个乡(镇)30个村323户,建筑面积达73 169.6平方米。在调查基础上,出台了线上突击建房处理意见和建议,依据该意见,省里下发了通知,要求淅川县结合实际情况,出台具体办法对问题进行处理。

(十二)妥善解决了房屋差价款的收缴

河南省丹江口库区移民安置建房采取的是移民个人签字委托移民村迁安组织统一建房的形式,由此形成了建房差价款收缴问题。在建房过程中,各地就及时计算差价,采取自愿互拨、借款等不同方式,加大收缴力度。省里还及时下发移民搬迁、院墙门楼等奖补资金,减轻群众负担,对于缺口较大的,由地方政府采取提供小额贷款等扶持措施,逐渐偿还。仅第二批移民应收差价款2.35亿元,已实收2.25亿元,基本完成任务。

(十三)妥善解决了线上林地的处置问题

河南省安排淅川县研究出台了线上林地流转处理意见,原则上由群众自发对线上林地进行流转,因特殊情况,在搬迁前未流转出去的,由县政府按照统一政策标准收购处理。

(十四)妥善处理了新闻媒体的负面炒作

对此,河南省积极主动明确加大在各级主流媒体的正面宣传力度,营造优良的媒体舆论环境,同时下发通知,要求各地开展好工作,及时注意舆论动态,对有关问题早发现、早处理,正确对待舆论监督,消除负面炒作。通过大量的工作,解决了移民反映的许多问题,消除了隐患,确保了移民迁安成果的巩固提高和社会大局的和谐稳定。

三、着力创新工作方法

建立完善移民信访稳定工作长效机制,力求做到"小事就地化解、矛盾基层消化",确保案件处理不反弹,基层矛盾不上交。一是建立移民矛盾纠纷排查机制。坚持"预防为主、防范在先"和"重心下移、关口前移"的原则,把移民信访维稳工作的重心从事后处置转移到事前排查化解上来。二是建立包案责任机制。按照"领导牵头、部门承办、专人落实"的思路,做到了有领导负责、有专人办事。三是建立分类化解机制。对基层难以解决的移民信访问题,由市级分管领导牵头协调解决;对一时难以解决的,落实责任,做细工作,稳控息访。四是建立完善移民稳定工作预案。明确了工作原则、紧急处置种类和内容、责任分工、监督检查和责任追究,建立了组织机构,落实了部门工作职责和化解处置措施,提高了紧急事件处理的快捷反应和协调能力,确保了移民安定、社会稳定。

第三节　信访稳定工作取得的主要成果

移民迁安试点工作开展以来,诸多不确定因素不断引发新的矛盾及信访问题,移民信访和搬迁引发的系列信访问题呈上升态势。面对艰巨的移民搬迁安置任务和不容乐观的信访形势,省移民安置指挥部审时度势,以信访工作为切入点,多措并举,合力攻坚,维护了社会大局稳定,促进了和谐移民,移民信访稳定工作取得了丰硕成果。

一、以人为本,在温情接访中促进了和谐

南水北调中线工程移民工作启动之前,省委、省政府就明确提出各级各部门要以信访工作为切入点,密切关注移民思想动态,及时反映移民的意见和建议,充分尊重和保护移民的合理诉求,切实承担起信访稳定的政治责任,全力服务移民工作大局。鉴于移民群众的特殊性和移民信访问题的复杂性,我们在移民信访稳定工作中,牢固树立和谐移民理念,坚持以人为本,实行人性化接访,因人施策,做细工作。一是对政策框架以内应该并且能够解决的合理诉求做到保护不推诿。对上访群众,真心实意地帮助他们分析具体情况、理解政策规定、明确解决渠道,最大限度地帮助他们减轻诉求投入,最大程度地帮助他们实现诉求愿望,使上访群众从温情接待中切实感受到党和政府的关爱,变被动搬迁为主动搬迁。二是对政策框架以外一时难以解决的合理诉求做到理解不承诺。对信访人动之以情、晓之以理,帮助他们调整心态、理顺情绪,并对此类可能引发后续上访的不稳定因素,梳理归类,做好信访信息的研判分析,及时向领导汇报,向相关部门反馈。由于信息反馈及时,试点移民以来,经过各级各部门艰苦不懈的努力,共为移民群众争取到十余项优惠政策,如提高移民建房补贴标准、将渔民渔具纳入补贴范围等,使移民普遍关注的利益问题得到了妥善解决。三是对期望过高而又言辞激烈、行为偏激的上访群众做到包容不纵容。一方面以宽容的心态善待他们的民主诉求,理解他们故土难离的移民情怀,无论来访者怎样发脾气、耍态度,都以不激化矛盾、不滋生矛盾为原则平和相待。另一方面把握症结,耐心疏导,让来访者明白南水北调移民是国家行动,移民是一个特殊群体,但不是特殊公民,既有享受国家各项优惠扶持政策的特殊权利,同样也有服从国家大局的社会责任。因此,一切行动都不能超越法律和政策界限,不能有过激行为,进而劝其停访息诉。同时,省移民安置指挥部主要领导还带头轮流接访,以真心、诚心、爱心慰抚移民群众,帮助解决疑难问题,收到了良好的社会效果。

二、多措并举,在问题解决上取得了实效

切实解决群众反映的热点、难点问题,维护和实现群众的根本利益,既是实现和谐移民的重要基础,又是移民信访稳定工作的核心要义。在具体工作中,一是严格程序。对涉及个性问题的利益诉求,主要按照信访工作正常处理程序,通过转办、交办信访事项,直接督促有关职能部门认真负责地处理信访人的合理诉求,并要求件件有落实,事事有回音。二是加强协调。对涉及特性问题的利益诉求,主要通过强化沟通和协调,与各级各相关部门形成化解合力。如在接待和受理群众来信来访的过程中,我们发现有相当数量的移民群众个人因有未处理的民事、经济纠纷,甚至一些诉讼进行程序和执行程序未得到处理而引发上访,且已形成影响移民迁安的不稳定因素。对此,我们及时向有关部门反馈情况,提出工作建议,及时消除了移民群众的后顾之忧。三是强化监督。对涉及共性问题的利益诉求,主要是借助监督程序,促进问题的解决。把移民群众反映比较集中且带有倾向

性、普遍性的热点问题,作为实施监督的重要信息来源,通过监督程序,使一大批热点、难点问题得到了有效解决。将移民搬迁过程中群众反映强烈的虚假移民户口、后靠遗留群众安置、移民村债权债务分割、移民建房款补偿过低、移民的后期扶持等重点信访问题作为主要内容,要求各级从确保移民切身利益、化解不稳定因素、推进和谐移民的角度,抓好相关问题的兑现落实。如虚假移民是丹江口库区移民反映十分突出的问题,它直接影响到移民群众的切身利益,影响到党委、政府的形象,影响到移民工作大局的稳定。省移民安置指挥部研究出台了南水北调丹江口库区移民人口管理办法,制定了具体的工作方案,派专人会同设计单位常驻库区县,帮助指导移民人口核定工作,并在全省范围内集中开展了虚假人口专项治理活动,共剔除不实人口 5 400 人,清理虚假人口 271 人,处理违规违纪人员 25 人 ,有效消除了由此带来的负面影响。

三、化解矛盾,在复杂局面中争取了主动

移民是个特殊的群体,移民信访问题相对于其他信访问题更具有特殊性、复杂性和敏感性。综合移民信访案的类型,具有以下显著特点:一是集体访、群体访、越级访、非正常访增加;二是信访案件阶段性特征明显;三是信访人尤其是集体上访期望值高、稳控难度大;四是信访案件发生面广,涉及部门多。为了准确把握移民信访活动的特点、规律和动态,真正把影响大局、影响稳定的问题搞得更深、更透,努力把因移民而引发的信访问题消灭于萌芽,解决在基层,为省委、省政府提供决策依据,省移民安置指挥部办公室主要领导多次深入库区、移民安置区进行专题调研,指导解决有关问题,并及时将热点、重点、难点问题及解决问题的建议上报省移民安置指挥部和省委、省政府。经过全省上下的不懈努力,全省移民搬迁任务顺利完成,已迁移民正在积极发展生产,已逐步融入当地社会,实现了"平安搬迁、文明搬迁、和谐搬迁"的目标。国务院南水北调办对河南省在服务移民工作大局中所表现出的超前意识、主动精神和创造性工作给予了高度评价。

四、上下联动,在和谐移民中做出了作为

移民工作是一项复杂的、庞大的社会系统工程。为了圆满完成省委、省政府提出的"四年任务、两年完成"的目标要求,合力打好移民迁安这场大仗、硬仗,全省各级各部门紧紧围绕中心,服务大局,上下联动,全力以赴。主要领导深入一线,分管领导靠前指挥,与群众面对面交流、与移民零距离接触,亲自给群众讲政策、做工作,全程服务移民迁安。基层移民干部也充分利用同移民群众联系广泛、熟悉乡情、了解民俗的独特优势,心系移民,潜心埋首,不辞劳苦,不分昼夜,奔波奋战在移民工作第一线,顶着村民的误解和亲朋的责难,义无反顾地担当着移民政策的宣传员、社情民意的情报员、矛盾纠纷的调解员,为营造和谐移民的大环境发挥了不可替代的作用。

第十六章　移民安置工作的监督机制

南水北调工程举世瞩目,南水北调丹江口库区移民工作工程任务重,投资金额巨大,且与移民群众利益息息相关,国内外社会各界对此高度关注,如果在某一个局部或某一个枝节上出了问题,哪怕是一个很小的问题,就会产生无限地放大效应。温家宝总理提出要把南水北调工程建成"一流工程、廉洁工程、生态工程、利民工程、和谐工程 "。李克强副总理强调,要加强审计、稽查、督察,把南水北调工程建设成质量一流的工程、节俭高效的工程、廉洁安全的工程,经得起当代的考验,经得起历史的检验。这是党和国家领导人对南水北调和移民工作者的谆谆教导和殷切期望。为此,从移民工作启动之初,各级有关部门就把监督管理作为工作的重中之重,从移民安置资金的下拨使用、移民新村建设工程质量、移民政策的贯彻落实等方面全方位、全过程、不留死角地进行监督,确保移民工作让社会放心,让移民满意。

第一节　对移民资金的监督和管理

河南省丹江口库区移民安置工作总投资计划 115.98 亿元,要在两年多的时间内完成下拨、使用,对决策者、管理者和基层干部都是巨大的考验,只有建立起严格有效的资金管理和监督机制,才能确保每一分钱都用在"刀刃"上,才能从制度上防范漏洞,从源头上预防腐败。

一、移民补偿补助资金的发放

移民补偿分为集体和个人两大方面。集体补偿主要是建设征地补偿费用,除土地以外的其他集体财产按照国家审批的概算标准进行补偿,用于相应项目的恢复迁建或公益设施建设。根据《中华人民共和国土地管理法》,建设征地补偿费包括土地补偿费、安置补助费以及地上附着物和青苗的补偿费。土地补偿费、安置补助费、地上附着物补偿费属于集体所有的土地应当用于移民划拨土地和发展生产,由安置地县级移民主管部门拨付给提供土地的集体经济组织,属于个人的按权属予以补偿;青苗费按权属兑付到有关集体经济组织和农户,不发生青苗的不予补偿。

移民个人补偿费包括房屋、附属物、农副业补偿费和搬迁运输费。附属物包括围墙、门楼、烤烟房、晒场、牲畜栏、粪池、地窖、水池、水井、沼气池、有线电视、电视接收器、电话、农用车辆等补偿(助)费,由安置地县级移民主管部门负责兑付给移民,主要用于移民个人建房、搬迁运输及其他生产、生活设施的恢复。

移民个人补偿凭实物卡和资金卡领取。移民分村、分户实物卡、资金卡由省政府移民办组织统一印制。实物卡按照设计单位调查并经户主签字的实物卡复印,资金卡按国家批复的概算由设计单位统一印制。移民人口分流后,实物卡由迁出地县级移民管理机构分发到移民村,移民村分发到移民户。资金卡由迁入地县级移民管理机构分发到移民村,移民村分发到移民户。

自愿投亲靠友安置的农村移民,由本人向淅川县政府提出申请,并提交接受地县级政府出具的接受证明;淅川县政府确认其具有土地等农业生产资料后,应与接受地县级政府和移民共同签订协议,将土地补偿费、安置补助费交给接受地县级政府,统筹安排移民的生产生活,将个人财产补偿费和搬迁费发给移民个人。

国家还规划了移民搬迁运输费,包括搬迁运输费、途中食宿费、途中医药费、搬迁损失费、车船补助费、误工补助费、临时住房补助费、路途意外伤害保险费。路途意外伤害保险费人均 25 元,由安置地县级移民管理部门统一为移民办理保险。

根据国家批准的《南水北调中线一期工程丹江口库区建设征地移民安置试点规划报告》,移民新村的用地、村台、道路、供排水、供电、通信、广播电视按照有关标准进行了统一的规划,所需投资由国家承担;对移民村在库区原有的村庄占地、基础设施等已做规划的项目不再补偿。

专业项目复建工程,按批复的投资概算和基本建设管理程序组织实施,由实施责任管理单位与施工单位签订合同,根据合同分期预付款项,按项目验收的有关规定组织验收。财会部门按项目进行核算,凭计划、合同、预决算、验收报告和交付使用手续核销。委托地方行业主管部门实施的项目,经验收结算后,予以核销。

二、预备费的使用管理

根据《国务院南水北调办关于修订南水北调工程建设征地补偿和移民安置资金办法(试行)的通知》(综经财函〔2009〕205 号)的规定,基本预备费的 60% 可由省级主管部门直接审批使用,其余 40% 由省级主管部门提出申请,经项目法人审核后报国务院南水北调办审批。

据此河南省制定了《河南省南水北调丹江口库区试点移民点基本预备费分配及使用意见》,明确了县(市)预备费的包干额度和省、市、县三级的审批权限。河南省管理的 60% 基本预备费的使用程序为:由村、乡提出具体的使用意见,单项工程或问题处理金额 5 万元(含 5 万元)以下,经长江委设计公司设代处、江河水利水电咨询中心河南项目部确认后,由县级移民部门审批,逐级抄送省政府移民办备案;单项工程或问题处理资金额度 5 万 ~ 10 万元(含 10 万元)的,由县级移民部门将长江委设计公司设代处、江河水利水电咨询中心河南项目部的意见及审核结果,报市级移民部门审批,结果抄报省政府移民办备案;单项工程或问题处理金额超过 10 万元的,市、县移民部门提出意见,报省政府移民办审批。

三、对移民资金的监管

河南省根据财政部及国调办有关办法制定了《河南省南水北调中线工程建设征地补偿和移民安置资金管理办法》(试行)和《南水北调中线工程河南省征地移民资金会计核算补充规定》(试行),为南水北调征地移民资金的规范管理提供了制度保证和操作依据,逐步建立了完整的移民管理单位会计核算体系。实行省、市、县(市、区)三级移民主管部门管理核算，县（市、区）为基础会计核算单位，乡（镇）、村为报账单位的管理体制。根据征地移民实施规划及项目法人批复的征地移民投资计划，逐级分解下达资金计划，督促、指导各级会计单位进行资金管理和会计核算，准确、及时地反映移民资金收支活动。移民个人补偿补助费，根据核定的分户资金卡，填写补偿补助费领款单，按进度分期支付，凭移民户签收的补偿领款单核销；农村移民集体补偿费，要落实到农村集体经济组织，用于相应公益设施建设，凭相关手续核销；移民专业项目复建费，由县（区）根据批复的实施规划，编制实施计划，由实施管理责任单位与施工单位签订合同，根据合同分期预付款项，按项目进行核算，凭计划、合同、预决算、验收报告和交付使用手续核销。

省政府移民办作为河南省境内省级征地与移民安置组织实施工作管理机构，按照国务院南水北调办有关征地移民资金管理办法、征地移民实施规划及项目法人批复的征地移民投资计划，督促、指导各级会计单位进行资金管理和会计核算，准确、及时地反映移民资金收支活动；监督计划、项目合同的执行，分析概（预）算及计划执行情况，提高资金使用效益；认真考核计划执行情况和资金使用效果，提出合理化建议，为领导进行决策当好参谋；及时组织业务培训，提高财务人员的政策水平和业务素质；强化内部监督管理，规范资金拨付程序，保证资金安全。

根据相关规定，移民资金要专户存储，专款专用，任何部门、单位和个人不得截留、挤占、挪用。不准以移民资金进行委托贷款和为任何单位或个人提供借款、贷款抵押、担保等。各级移民主管部门根据批复的年度征地移民投资计划和实施进度，及时向下一级主管部门拨付资金，并按规定及时向上一级主管部门报送财务报告。

河南省在积极配合国家审计、稽查专项检查等工作的同时，根据每年的工作重点，制订年度内部审计工作计划，及时开展内部审计工作，强化对移民资金的监管。通过进行内部审计，完善资金支付程序，提高管理水平，确保移民资金安全有效地投放使用。确保移民资金的安全，提高移民资金的使用效益，促进移民资金的规范化管理。

针对河南省南水北调各级移民管理机构多为新组建机构，财会人员特别是县以下财会人员的政治、业务素质参差不齐，各市南水北调工程开工和移民工作进展不一的情况，结合各工作阶段任务要求，河南省因地制宜对各市分别进行财务培训，由各市负责组织，所属县（区）移民管理机构和报账单位分管移民工作的领导和财会人员参加。培训内容包括政治思想教育，管好用好移民资金的重要性、严肃性认识，国家及省出台的移民法规、制度等，重点讲解单位领导和财会人员如何运用移民政策法规管好用好移民资金，提高移民资金使用效益、丹江口库区移民概算执行要求、会计基础工作规范、会计核算及补充规定的操作技术，报账单位报账的要求和费用的核销原则、方法等，提高了适应资金管理任务的能力。

经过全省上下的一致努力，从总体上看，全省形成了分级负责、管理有序、核算规范的资金管理体系，征地移民资金得到了有效使用、管理和监督。

第二节　对移民安置政策落实的监督

为了移民能够顺利搬迁，国务院南水北调办出台了大量切实可行的安置政策，在充分执行国家政策的基础上，结合自身工作实际，河南省也围绕移民安置对接、新村建设、组织搬迁、后期帮扶等工作出台了大量的政策规定，各级地方党委政府和各有关省直单位都出台了大量有利于移民搬迁、有利于移民长远发展的优惠政策。为了确保这些政策落到实处，河南省坚持公开、公平、公正的原则，加大政策的宣传力度，加强政策执行的透明度和权威性，自觉接受移民群众和社会各界的监督，使移民群众真正成为移民搬迁工作的受益者。

一、建立责任机制

省委、省政府在《关于印发〈河南省南水北调丹江口库区移民安置工作实施方案〉的通知》（豫文〔2009〕114 号）中明确指出：我省丹江口库区移民安置工作实行"党委统一领导、党政齐抓共管、政府分级负责、县乡政府为主体、项目法人参与"的管理体制；移民迁安工作纳入市、县、乡各级政府目标管理，移民任务不能按期完成的，实行一票否决。

按照这一总体要求，省政府专门成立了河南省南水北调中线工程建设领导小组，省长郭庚茂任组长，常务副省长李克，副省长张大卫、刘满仓分任副组长，省直有关厅局和有关省辖市政府主要负责同志任成员。2009 年 7 月，省委、省政府又专门成立了陈全国副书记任政委、刘满仓副省长任指挥长的高规格的河南省南水北调丹江口库区移民安置指挥部，指挥部下设办公室，并成立 6 个组，负责移民安置的日常工作，成员从省直各厅局抽调，与原单位脱钩，集中办公。移民安置指挥部定期召开会议，研究统揽全局的有关重大事项。同时，为加强督促协调，省委、省政府决定对丹江口库区移民实行省直单位包县工作责任制，组织省直 25 个厅局成立了移民迁安包县工作组，每组 5 ~6 名成员，由一名副厅级干部带队，分包一个县（市、区），一包到底，直至移民搬迁安置结束。

根据省委、省政府的要求，各市、县（市、区）、乡（镇）也相应成立了高规格的移民安置指挥部或移民办事机构，四大家领导担任指挥部主要领导，明确一名副市（县、区）长主抓移民业务，抽调建设、水利、民政、人力资源、公安等部门精干业务人员充实到指挥部；加强移民机构力量，配齐配强移民机构领导班子，增补技术力量，适当增加编制；实行主要领导、各局委、后备干部包村（点）制度，督促协调移民新村建设工作。同时，对任务较重县（市）移民迁安指挥机构、乡（镇）增加了领导干部职数，抽调后备干部到移民乡（镇）挂职，实行迁安两地乡（镇）互派干部交叉任职，并加强了移民村两委班子建设。

在实际工作中，各级党委、政府主要领导对移民搬迁工作亲自动员、亲自部署，始终坚持深入实际、靠前指挥。省、市、县各级政府间还层层签订了移民安置工作责任书，使移民安置工作做到事事有人管、人人有事干、件件有落实。全省上下形成了"领导抓、抓领导"、目标一致、齐心协力的崭新工作局面。

二、完善规章制度

为规范丹江口库区移民安置工作，维护移民的合法权益，促进移民安置工作顺利开展，根据《南水北调工程建设征地补偿和移民安置办法》、《大中型水利水电工程建设征地补偿和移民安置条例》及国务院南水北调办有关工作制度，结合工作实际，在充分调研、广泛征求意见的基础上，河南省先后制定了《河南省南水北调工程征地移民资金管理实施办法》、《河南省南水北调工程丹江口水库农村移民安置实施工作细则》、《河南省南水北调工程丹江口库区移民安置计划管理暂行办法》、《河南省南水北调工程丹江口库区移民安置建设项目管理暂行办法》、《河南省南水北调工程丹江口库区移民安置工作督察办法》、《河南省南水北调工程丹江口库区移民安置工作奖惩办法》等，并相继出台了移民新村建设地基处理、质量安全、建房分户及缺口资金收缴、公益设施建设、移民户型选择、移民新村建设招标投标等有关规定，形成了比较完善的制度管理体系，做到了用制度管事、管人、管权，有效规范了移民安置实施、监督检查、计划管理、建设管理等各项工作，促进了河南省移民安置工作又好又快向前推进。

三、严格监督措施

在政策执行过程中，河南省根据不同阶段的中心任务，制订了有计划、有重点、有落实的监督措施。前期规划中，为给移民创造良好的生产生活条件，对最初规划的安置点进行优化整合，安置地也都把新址选在区位优越、交通便利、靠近集镇的地方，并经过移民迁安代表实地考察认可，在此基础上编制了切实可行的实施规划，为安置好移民创造了条件。新村建设期间，为保障移民房屋建设质量，严把“五道关口”（严把招标投标关，严把市场准入关，严把材料进场关，严把质量监督关，严把竣工验收关），落实“四位一体”监督体系（政府监督，中介监理，企业自控，移民参与），强化“三项机制”（互督互查机制，三级验收机制，关键节点综合检查奖惩机制），确保移民群众房屋质量一直处于可控状态。搬迁中，统一指挥，周密部署，坚持24小时值班制度、搬迁前验收制度、搬迁预告制度，积极协调各级有关部门全力保障移民群众顺利搬迁，实现了移民集中搬迁“不漏、不掉、不伤、不亡一人”的目标。搬迁后，采取定期不定期的检查及暗访，督促有关市、县及时组织县、乡干部入户，了解和解决移民生产、生活中的困难和问题，及时开展各项后续帮扶工作，建立县、乡干部“一对一”对口帮扶制度，设立“亲情电话”或“连心卡”，随时接受移民的求助，并提供全方位、保姆式服务。同时，认真办理各种手续转换交接，及时修缮移民房屋，及时核定移民人口、兑现补偿资金、分配生产用地，及时进行技术培训，帮助移民群众转岗就业，确保移民群众身安心安，尽快融入当地社会。

四、扩大政策宣传

为了扩大政策的透明度、公开度，赢得移民群众对工作的认可和支持，河南省坚持“移民未动，宣传先行”，形成强大舆论攻势，营造浓厚社会氛围，让群众了解移民政策，支持工程建设，依法维护权益。省委宣传部专门印发了丹江口库区移民工作宣传报道方案，将移民政策宣传报道任务分解落实到各级宣传部门和主流媒体。省移民安置指挥部办公室多次组织几十家河南省的主流媒体和中央驻豫媒体，集中采访报道移民工作动员部署、移民新村建设和移民搬迁情况，在全省乃至全国的100多家报纸杂志和广播、电视、网络掀起了铺天盖地的宣传高潮。同时，各地也精心策划宣传方案，积极组织新闻单位，充分利用报纸、电视、广播、网络、宣传车、标语等载体，采取群众喜闻乐见的宣传方式和艺术形式，因地制宜、因人而异、有步骤、有重点、分层次地开展舆论宣传工作，努力把工作做在前、做上门、做到家、做到位，使广大干群对国家重点工程建设有更加深刻的认识，对移民工作的目的、意义、政策措施做到家喻户晓、人人皆知，使广大干群明白“移民政策惠百姓”，“早搬迁、早受益”，使安置区干群理解移民群众“舍小家、顾大家”的高尚情操，体谅他们故土难离的复杂心境，形成充分理解工程建设、主动支持工程建设、积极服从国家安排、自觉服务移民群众的良好氛围。

五、提高干部的政策水平

移民安置工作政策性强、敏感度高，切实提高移民干部的政策水平和工作能力至关重要。河南省先后举办了移民搬迁安置工作培训班、移民规划设计工作培训班、移民试点实施培训班、移民安置方案优化培训班、移民包县工作组业务培训班，省委、省政府领导和各方专家亲自讲解，介绍经验，传授方法。各有关市、县也都采取不同形式对移民干部和各类移民工作组进行系统培训，使他们掌握了政策理论，提高了业务水平，明确了工作任务，熟悉了群众诉求。在工作中严格把握政策补偿界限，既赋予群众充分的知情权，理顺群众情绪，又力戒乱解释、乱许诺、乱表态、乱拍板、乱开口；坚持依法行政、依法移民，做到“一把尺子、一个标准、一视同仁”，最大程度地保证移民群众的利益，在群众的理解与尊重中推动工作。

由于各方面政策得到了扎实有效的贯彻落实，南水北调丹江口库区移民工作得到了移民群众和上级部门的一致肯定和赞誉。2009 年 11 月 12 日，中央扩内需促增长第 23 检查组对河南省南水北调丹江口库区移民安置工作进行了专项稽查，在向省政府正式反馈意见时指出：河南省的南水北调工作取得了显著成效，库区移民工作干净利索，质保体系健全完善，工程质量始终可控，建管队伍克难攻坚、朝气蓬勃，中央新增投资做到了专款专用、专项核算，展示了河南省委、省政府和中原人民讲政治、讲大局、讲奉献的精神境界和确保“一渠清水送北京”的绵绵情谊。可以说，河南不仅是南水北调工程建设的主战场、大舞台，也是教育广大党员干部牢记宗旨、感恩人民的生动课堂。

第三节 移民监理及监测评估情况

国务院 471 号令《大中型水利水电工程建设征地补偿和移民安置条例》中明确规定：“国家对移民安置实行全过程监督评估。签订移民安置协议的地方人民政府和项目法人应当采取招标的方式，共同委托有移民安置监督评估专业技术能力的单位对移民搬迁进度、移民安置质量、移民资金的拨付和使用情况以及移民生活水平的恢复情况进行监督评估”。根据这一要求，为了确保南水北调丹江口库区移民安置监督工作的规划化、制度化，移民安置工作实行监督评估制度。由省移民管理机构会同项目法人，通过招标确定并共同委托有移民安置监督评估资质的单位，对移民安置进度、质量、资金拨付和使用情况以及移民生活水平的恢复情况进行监督评估。

一、监督评估单位及组织机构设置情况

2008 年 10 月 28 日，省政府移民办和南水北调中线水源有限责任公司联合发布招标公告，决定对南水北调中线一期工程河南省丹江口水库移民安置试点监督评估项目实行

公开招标，根据专家评标结果并报请国务院南水北调办公示无异议后，确定江河水利水电咨询中心为中标单位，省政府移民办、南水北调中线水源有限责任公司与江河水利水电咨询中心签订了“南水北调中线一期工程河南省丹江口水库移民安置试点监督评估合同文件”。

根据监督评估工作需要，江河水利水电咨询中心组建了江河水利水电咨询中心丹江口水库河南省移民安置试点监督评估项目部，项目部实行监督评估工作负责人全权负责制，下设1个河南项目部，办公地点设在郑州市。根据监督评估工作的要求，开展经常性的监督评估工作和阶段性的监测评估工作。经常性监督评估工作设3个监督评估工作站，分别为南阳工作站、平顶山工作站、郑州工作站。

2010年6月4日，河南省人民政府移民工作领导小组办公室、南水北调中线水源有限责任公司委托河南大河招标有限公司作为招标代理人，对河南省丹江口水库移民安置第一批、第二批的监督评估项目进行国内公开招标。共分为三个标段，经招标确定黄河勘测规划设计有限公司负责1标监督评估项目，业务范围为南阳市除淅川县外的6个安置县(市、区)的丹江口库区移民安置情况；河南黄河移民经济开发公司负责2标监督评估项目，业务范围为郑州市、平顶山市、新乡市、许昌市、漯河市的丹江口库区移民安置情况；江河水利水电咨询中心负责3标监督评估项目，业务范围为库区淅川县的移民安置、农村外项目、专业项目迁建等工作开展情况。

二、监督评估主要方法

为了各监督评估单位能够充分发挥作用，省移民安置指挥部为监督评估单位规定了详细的监督流程，确保其依法行使职责。一是巡视。项目部和工作站坚持到移民安置试点的现场进行巡视，对移民安置试点工作质量、进度和批复的规划执行情况，提出监督评估意见。二是督察。根据省政府移民办关于试点移民进度安排，明确各阶段的工作重点，重点进行督察。在督察中发现问题，提出整改意见和建议，重大问题及时向省政府移民办报告。在移民安置实施过程中还参加省政府移民办组织的进度、质量督察和检查。三是座谈。项目部和工作站除参加省政府移民办和安置地市、县移民机构有关会议外，到各地巡视时，经常召集相关人员座谈，了解工程进度、质量情况，总结推广好的做法，对存在的问题提出处理意见及建议。四是协调。项目部和工作站均参加省政府移民办召集的协商会，市、县现场协调会，以及有关问题处理协调会，按监督评估工作要求提出意见和建议，为省政府移民办决策提供依据。五是核查。对移民安置规划设计漏项及有关问题处理进行核查。六是信息编报。按监督评估招标和合同规定，按时记录监督评估日记和编报旬报、月报等定期信息，根据移民安置工作需要编报简报、专题汇报和建议等不定期信息。

三、监督评估工作情况

(一)分阶段明确工作重点

为了做到工作有重点、有计划，监督评估项目部从进驻现场起，每月月底都讨论制订下个月工作计划，使工作人员了解项目部下个月的工作重点及本人负责的工作内容和要求。在移民新村“三通一平”阶段，重点了解和监督移民新村征地及供水、供电、道路、场地平整情况。在移民新村房屋基础施工阶段,重点了解和督察移民迁安组织建立和到位、房屋户型确定、房屋建设招标投标、施工单位确定和进场、移民建房合同签订、工程监理、质监单位确定和进场、房屋基础开挖和基础施工进度、质量等情况。在移民房屋主体工程施工阶段,重点了解和督察工程监理、质检人员到位、移民房屋建设进度、质量、安全生产、公益设施建设、基础设施建设,生产用地调整等情况。在移民搬迁阶段重点了解和督察移民新村建设是否具备入住条件、生产用地划拨移交、移民搬迁方案报批情况、搬迁工作落实情况及安全措施、移民搬迁进度和入住情况等。

(二)坚持现场巡查

监督评估项目部为了全面了解移民安置试点工作进度情况,对相关工作进行督察,发现问题及时处理,做好进度、质量、投资的监督评估工作。省政府移民办要求监督评估工作人员对所有安置点每周巡视一次,监督评估项目部及郑州、平顶山、南阳工作站坚持每周1~2次到安置点现场巡查。在建房高峰时期对每个安置点巡查达到2天一次,项目部做到对10个县12个安置点每月巡查一次。对于发现的问题,及时报告省政府移民办,坚决要求整改。

(三)认真调查了解情况

监督评估项目部除参加省政府移民办座谈会、现场会议、工作会议、审查会议等会议外,还根据实际情况,在县(市)移民局(办),移民新村建设现场经常召集县(市)移民局、工程监理、施工单位和移民迁安组织负责人座谈会,了解移民安置好的做法、存在的问题等,现场解决有关问题,确实难以解决的,及时向省政府移民办汇报。对新村建设管理、质量控制、资金管理较好的,及时总结推广。

(四)积极协调各方关系

在移民安置试点过程中项目部做了大量协调工作。项目部及各工作站同志针对试点移民实施过程中出现的各种矛盾和问题,兼顾国家、集体、个人三者的利益,实事求是地进行协商,以达到化解矛盾,解决纠纷,维护稳定的目的。同时加强有关移民政策法规的宣传,增强移民群众法律意识和自我保护能力。项目部和工作站人员还主动对施工图纸审查、施工合同签订、施工进度和质量提供技术服务,参加和组织相关会议提出监督评估建议,促进试点移民健康有序进行。

(五)坚持督察核查制度

监督评估项目部及工作站,根据试点移民工作进度和省政府移民办的工作安排,分阶段明确了监督评估工作重点,明确了需了解的主要内容。对试点移民新村建设进度、质量随时进行督察,发现问题,及时召集有关县(市)移民局(办)、工程监理、施工单位负责人现场协调,限期整改,强化复查,共性重大问题以文件、监督评估旬报或月报反映,及时报省政府移民办。

(六)实行信息管理

首先是抓好定期信息,有监督评估日记、旬报、月报等。每日由专人记录监督评估日志,内容为监督评估工作、存在的问题及处理意见。旬报和月报主要反映监督评估工作的开展情况、移民安置进度、质量、投资及有关市、县好的做法、存在的问题及建议,并附有大事记和工作照片,由省政府移民办分送有关单位和领导,同时上报国务院南水北调办和江河水利水电咨询中心。其次是抓好不定期信息,主要是简报、汇报和建议等。项目部根据移民安置情况,发现的主要问题或需要提请省、市移民局(办)注意事项,以简报、专题汇报和建议等报省政府移民办。

第四节 对移民安置工作阶段任务落实情况的督导和检查

为加强南水北调中线工程丹江口库区移民安置工作的监督管理,规范移民安置工作督察行为,保证高质量、高水平地完成移民安置工作任务,河南省先后出台了《河南省丹江口库区移民安置工作督察办法》、《河南省南水北调丹江口库区移民新村房屋建设工程质量考核标准(施行)》,以省政府与有关省辖市政府签订的丹江口库区移民安置工作责任书为依据,以年度工作任务和计划为主要内容,以农村移民安置为重点,对移民安置工作开展不同形式、不同内容的督察活动。

一、阶段性检查

为确保河南省丹江口库区移民安置工作"四年任务、两年完成"的总体目标如期实现,在科学论证、倒排工期的基础上,河南省在试点移民、第一批和第二批移民安置工作中都明确了各个阶段的重点任务和完成时间节点,并层层签订目标责任书。例如在2009年10月20日召开的第一批移民安置动员大会中,省移民安置指挥部办公室明确规定:2010年1月31日前完成新村征地、"三通一平"和房屋基础建设;2010年5月20日前完成房屋建设,7月20日前完成基础设施和公益设施建设,9月20日前完成移民搬迁,10月10日前完成生产用地分户承包。

围绕以上阶段性目标,省移民安置指挥部在每个时间节点前都要组织开展一次全面检查,对各市、县前阶段任务完成情况进行总结、排序。检查工作,先由各省辖市在规定时间内对所辖县(市、区)移民安置点进行检查,根据工程质量和进度情况进行综合评分排序,并将检查情况和排序名单(以县为单位)报省移民安置指挥部办公室。再由省移民安置指挥部办公室牵头组织,邀请省建设厅工程质量监测总站、规划设计单位和监督评估单位组成2个联合检查组,一个检查组分包若干市、县,在各市、县进行前期自查的基础上,在集中时间内采取现场查看、查阅有关记录,现场听取县级移民主管部门及建设、监理、施工、库区乡(镇)等单位的汇报,与移民村迁安组织以背靠背座谈的形式,对各阶段任务完成情况进行全面了解,并按照有关统一标准以县(市、区)为单位打分排序,提出检查结果。

每次阶段性检查之后,省移民安置指挥部都要召开阶段性总结表彰会,对下阶段任务进行再强调、再动员,并通过通报、会议等形式对检查结果进行通报,对表现突出的先进单位进行重大表彰和奖励,对进度迟缓的毫不客气地进行通报批评。例如:在第一批移民新村建设基础设施和公益设施建设阶段的检查评比中,就对3个获得一等奖的县重奖各15万元,对4个获得二等奖的县各奖励10万元,对5个获得三等奖的县各奖励5万元。这一措施极大地调动了各地干好移民工作的积极性和主动性,使每个地区、每个移民干部都有一种压力感、紧迫感,形成了争先恐后、你追我赶的良好局面。

二、互督互查

在移民新村建设阶段，为了进一步促进各地之间互相学习，客观公正地评价各地实际情况，省移民安置指挥部每月统一组织一次全省移民新村建设互督互查，并以县为单位进行考评排序。

互督互查工作，由省移民安置指挥部办公室组织，每次组成12～13个督察组，分别由包县工作组组长带队，从全省分包移民迁安县的25个省直单位包县工作组中抽调工作人员，并从所包县建设部门中抽调1～2名工程技术人员，每组共计5～7人，每月25日至月底赴各有关省辖市进行督察，各组督察时间为3～5天。检查主要采取"一听二看三查四反馈"的办法：一听是召开座谈会，听取市、县政府移民工作汇报，与移民村迁安组织和监理、监测人员座谈，全面了解移民试点工作情况；二看是现场察看移民新村基础设施和房屋建设等情况；三查是查阅市、县政府办公会有关记录、有关文件、领导批示和移民新村规划设计、招标投标、合同、计划、财务管理等方面的资料；四反馈是督察工作结束时，当场向市、县政府和移民部门反馈有关督察情况，肯定成绩，指出不足，提出下一步工作意见。每月30日前，由各督察组将督察情况报省移民安置指挥部办公室，省移民安置指挥部办公室对各督察组督察工作情况进行动态管理。

从第一批移民到第二批移民工作结束，河南省共计组织了5次互督互查，除了对移民新村建设动态及存在问题有了更全面、客观、准确的了解，更促使各省直单位包县工作组加强交流沟通，取长补短，更加积极主动地融入丹江口库区移民工作中去。

三、暗访

为了进一步了解各地实际情况，增强各地干好移民工作的紧迫感和责任感，省移民安置指挥部办公室还采取了不定期暗访的形式，对各地进行检查。暗访检查大部分时间安排在每阶段动员大会召开之后，主要内容为包括已搬迁移民后续工作和移民新村建设情况。暗访组采取高规格、高效率、高保密的形式进行，有时甚至由主管副省长亲自带队，不提前向各有关地方打招呼，直接进村入户，发现问题后立即向当地反馈。暗访结束后，省移民安置指挥部办公室将暗访情况向全省进行通报，并对存在较严重问题的市、县人民政府主要领导直接发出督办函，要求限期整改并上报结果。

通过暗访，第一时间发现了实施中存在的一些问题。在刘满仓副省长亲自带队的一次暗访活动中，刘副省长发现极个别包县工作组存在脱岗、懈怠现象，立即对有关负责同志提出了批评，并在全省会议上进行了通报，此举极大地提高了各级包县驻村干部的责任心和工作积极性。

除以上检查方式外，河南省移民安置指挥部办公室还经常性地对个别安置点开展不定时突击检查，从而全面、及时地了解情况，促进了整个移民安置工作高效有序地进行。

第十七章　移民工作过程中存在的主要问题及处理措施

通过对近一个时期我国已建、在建的大中型水利水电工程移民安置的方案对比，可以发现南水北调丹江口库区的移民安置标准是最高的，国家给予的一些优惠政策的力度也是空前的，仅农村移民安置的直接项目投资，人均就已达 7 万多元，可以说达到了我国新时期水利工程移民安置标准的最高峰。但是在移民安置过程中，鉴于移民群体的特殊性，还是存在一些棘手的问题，如移民人口身份核定、社区移民的安置、房屋建设质量、土地调整及分配以及社会帮扶的力度等。针对这些问题，河南省各级地方政府和移民部门迎难而上，发扬“5 + 2”、“白 + 黑”的工作作风，创新工作方法，最终使这些难点问题得到了妥善解决，保证了安置工作的顺利进行。

第一节　移民人口问题

移民人口身份确定关系到移民群众个人的切身利益，也关系到社会的稳定，是移民工作中最主要的风险因素，如何将移民人口问题界定清楚，做到真移民一个不漏掉、假移民一个不登记，看似简单，实则是一个非常棘手的问题，尤其在丹江口库区，人口问题最复杂、最难界定，从试点移民就开始出现，一直伴随移民安置的全过程，也是影响区域社会稳定的一个重要因素。

一、造成移民人口核定难的原因

南水北调丹江口库区移民的实物指标，从 2003 年调查至现在搬迁安置，已经过了七八年，这期间国家经济快速发展，政策也发生很大变化，如农民种地不仅不上交公粮和集体统筹，还有粮食直补，结婚不再需要到村委会开证明了，《中华人民共和国婚姻法》也取消了事实婚姻的制度，凡此等等政策的修改，最直接的效果就是在人口管理上出现松动，这本来是以人为本的管理理念，但在库区移民人口核定上，带来的却是一系列复杂的难题。

丹江口库区移民人口核定工作，从试点规划开始，到一批、二批的安置实施，一直是困扰各级移民机构的一个问题，也可以说伴随了丹江口库区移民安置工作的全过程。导致该问题出现的原因，从实践看，主要有以下几个方面：

（1）现行国家移民政策的优惠，导致大家由原来的怕当移民，变为现在的争当移民。根据国家批复的初步设计阶段规划，农村移民人均投资达 7.4 万元，居于同时期国内在建水利水电工程移民人均投资的前列；概算中以人为单位计列的补偿补助和安置费有 12 项之多，人均 6 600 余元，再加上现今国家对移民的政策和过去比确实优惠了很多，想当移民、争当移民是库区群众普遍的想法,因此一些人就会想方设法拉关系、钻空子,依靠他们的各种“资源优势”弄虚作假,采取各种手段给自己或自己的亲朋好友带上移民的“帽子”。对群众的举报则采取蒙骗、利诱或恐吓手段,使其蒙混过关。再加上从2003年实物指标调查结束至移民搬迁安置,时间跨度长达七八年,客观上也给这些人弄虚作假提供了充足的机会。

(2)国家相关政策的调整。过去,由于种地要缴公粮、要缴“五粮三款”等集体统筹,农民负担重,因此一些人员长期举家外出,借以逃避交集体统筹,村集体按照本村的土政策,将他们户口注销、土地收回。现在由于国家土地政策的调整,种地不仅不缴税,还有粮食直补,加上移民因素,使原来一部分长期在外生活人员返回库区重新上户。试点移民村中有一个这样的家庭,相当具有代表性。

周××,淅川县试点姬家营村人,66岁。该人兄弟3人,系一个家族,总人口24人。1975年举家外出湖北打工,常年不回,家中房屋倒塌。由于一直不交公粮和集体统筹,又常年不回,经村集体商议,收回了该户24人的耕地。按照移民人口登记办法,该户属于无房产无粮食直补,人口不能登记为移民。但该户确实又是库区人口,因此一直上访,要求享受移民待遇。由于该户在库区没有房产,如果按照移民政策,该户仅享受建房补助一项,就达30.5万元,如再加上过渡期补助等以人为计算单位的各项补助费用,该户可都得到50余万元。

(3)国家现行的相关政策调整没有做到无缝对接,使一部分人利用政策的漏洞钻空子。为了保证移民及库周群众的正常生活,从2003年的实物调查至今,淅川县并没有冻结当地群众户籍关系的迁移,因此突击结婚生育、突击向库区迁转户口等搭移民政策车的现象十分普遍。同时现行婚姻政策也造成一部分婚嫁到库外的女青年不迁户口,这些都造成了库内人口的非正常增长,这些看似不正常的问题,却是库区移民人口管理中的普遍现象。

因此,在人口核定中,死亡人口不按时申报、突击婚育、婚出人员户口不及时迁出、虚假人口群众不愿得罪人、没人举报等因素,使移民身份界定困难重重。

二、处理措施

从丹江口库区试点移民启动以来,移民人口核定就是一项重中之重的工作。为加强移民人口核定,省政府移民办将移民人口问题作为课题进行了研究,在此基础上制定了人口核定的办法,出台了人口管理的规定,同时明确有专人负责移民身份的界定。为了体现公开、公正、公平的原则,河南省在制定各项人口核定政策、严格登记程序的同时,对库区人口进行了三次的公示复核,一次在实施规划编制初期,组织库区市、县将已调查移民的实物指标进行了张榜公示,接受群众的监督;第二次是在该批次移民搬迁前的4月,将该村移民截至3月31日的人口进行核定,便于确定准确的搬迁人口;第三次是在搬迁后的9月,将该村截至8月31日的移民人口再次张榜公示,接受群众的监督。迁出地各级政府作为移民人口核定的主体,对人口问题也非常重视,通过政策宣传、警示教育等手段,从源头进行治理;对发现的问题,组织工作组进行入户排查,坚决剔除不符合政策的假移民,并通过案件查办等手段,妥善化解了因移民人口而产生的不稳定因素。经过艰苦努力,共核减虚假移民人口 8 416 人,维护了社会大局的稳定。

在库区采取管理措施加强人口核定工作的同时,各安置地在安置过程中,也会加强对移民搬迁后的人口管理,核清实际搬迁人数,并通过承包土地等工作,进一步弄清每户的人口情况,查处虚假人口。

对查处的虚假人口,按照管理程序逐级上报后,将取消其移民身份,并追回移民个人补偿资金,对性质严重、在社会上负面影响大的,依照有关规定进行处罚,构成犯罪的要追究其刑事责任;对提供虚假证明、办理虚假手续的各级各部门责任人,视情节轻重追究其相关责任。虚假移民剔除后所结余的各种补偿补助资金,经省级移民机构核实后,转化为所在市(县)的项目经费,由当地统筹用于移民的安置实施。

第二节　社区安置对接问题

在河南省南水北调丹江口库区,有 4 个社区移民村,分别是上集镇钟观、刘营、罗池贯社区和金河镇金源社区,这 4 个社区均位于或靠近县城,人均耕地在 0.2 ~0.9 亩,群众不以种植业作为主要收入,收入来源主要是商业、服务业,人均年收入在 10 000 元左右。由于总体收入较高、且地理位置优越,因此其如何安置一直是各级政府十分关注的重要问题。

一、基本情况

这 4 个社区位于丹江口水库支流灌河两侧,均属于水库库尾,人口均不受淹没,受淹的只是土地,除钟观社区外,土地受淹没影响程度较轻。具体情况是:

(1)罗池贯社区:全社区 4 个组 1 951 人,总耕地 394.3 亩,人均耕地 0.2 亩,淹没耕地 86.7 亩,规划搬迁 496 人。

(2)钟观社区:全社区 8 个组 1 648 人,总耕地 1 508.5 亩,人均耕地 0.92 亩,淹没耕地 756.1 亩,人均年收入 8 000 余元,规划搬迁 863 人。

(3)刘营社区:全社区 8 个组 1 183 人,总耕地 760.51 亩,人均耕地 0.64 亩,淹没耕地 54 亩,人均年收入 9 900 元,规划搬迁 110 人。

(4)金河镇金源社区:全社区 9 个组 2 048 人,总耕地 1 103.68 亩,人均耕地 0.54 亩,淹没耕地 233.6 亩,人均年收入 9 500 元,规划搬迁 233 人。

二、问题产生原因

根据国家批复的初步设计规划,4 个社区均需要进行外迁安置。按照省办的统一安排,于 2011 年 2 月组织迁安双方进行了安置对接,尽管迁安双方做了大量艰苦细致的工作,但由于社区移民区位条件好、收入水平高、群众诉求多样、情况非常复杂、安置区条件受限等原因,截至 4 月初,4 个社区均没有签订安置对接协议。

按照国家批复的安置去向,金源社区的安置去向是中牟县,罗池贯、刘营社区合并在荥阳市安置,钟观社区在新郑市安置。这 3 个安置地,经济较为发达,人口密度大,人均生产用地比较少,靠近县(市)区的地方人均耕地更少,因此安置点的位置不易选定,生产用地划拨更难,如按照水浇地人均 1.05 亩的生产用地标准给移民划拨,将会造成安置地群众和移民生产用地标准的严重倒挂,会给安置地带来不安定因素。

除了农业人口的生产安置是难题,罗池贯社区"非农"人口的"走与留"也是个大问题。罗池贯社区三、四组居民原属农业人口,由于淅川县城建设规模逐渐扩大,导致人均土地逐渐减少,1995 年县政府分三批将这两个组的农业人口转为"非农业",但这些居民转"非"后仍然承担着农业税,乡统筹等负担,继续耕种自己的土地,从事农业生产,至今仍然享受国家的种粮补贴。转非后,没有享受到城镇非农业人口应该享受的如城市低保、城市医保等优惠政策,当地人称之为"上集非农"。这部分"上集非农"人口为了争取更大的发展空间,强烈要求搬迁。但按照国家有关政策,非农业人口不进行生产安置,也就说在安置地不给划拨生产用地,因此这些大批的"上集非农"一旦到安置地安置,没有土地,其生活水平将会受到严重影响,也会是一个新的不安定因素。

三、处理措施

鉴于这 4 个社区移民条件的特殊性,河南省在其安置对接方面,和其他农村移民对接相比,采取了一些特别措施,一是为了避免相互的攀比,晚于其他农村移民进行对接;二是在安置模式上,结合安置地实际提出了三种不同的安置方案供移民选择,根据移民意愿进行安置。

(一)安置去向确定

为妥善安置社区移民,省政府主管省长、南水北调移民安置指挥部及指挥部办公室多次到淅川县,就社区安置问题进行调研,并就抬田造地就地安置与外迁安置多方听取了市、县、乡及移民代表的意见和建议。在此基础上,省移民安置指挥部根据移民强烈要求出县安置的意愿,结合国务院南水北调办对初设规划的有关批复和省委、省政府的总体部署,经慎重研究,决定淅川县社区移民出县安置。并在 2010 年 5 月 18 日,省移民安置指挥部在郑州专题召开郑州、南阳两市政府分管副市长参加的丹江口库区社区移民安置对接协调会,以会议纪要形式明确了社区移民外迁安置任务、迁安双方的责任分工。

(二)安置对接过程

为指导迁安双方尽快完成对接,省办组织郑州市中牟、荥阳、新郑三个安置地制订了全额有土—农村模式安置、少土—社区安置、无土—纯社区安置三种方案,分别征求了南阳市、淅川县的意见。在调查研究和多方征求意见的基础上,省移民安置指挥部出台了《关于推进南水北调丹江口库区社区移民安置工作的指导意见》,力求从政策层面指导社区移民对接工作。

《关于推进南水北调丹江口库区社区移民安置工作的指导意见》对双方存在分歧的一些问题进行了明确,如整户非农人口的安置问题,明确了整户非农人口享受的政策和不能享受的政策,要求淅川县要对外迁的整户非农,按《关于推进南水北调丹江口库区社区移民安置工作的指导意见》有关内容,逐户签订安置承诺书。在此基础上,郑州市、荥阳市做好安置地有关工作，将这些要求外迁的整户非农业人口接收，并妥善安置好。再比如生产用地的划拨标准问题，迁安双方对此问题认识也有些分歧，因此省办根据前一段双方对接中的进展情况，结合安置地实际，明确了大棚菜地的安置标准。

为加强对接工作的领导，省移民安置指挥部办公室多次就对接工作下发文件，要求迁安两地县（市）级主要领导要亲自过问，主管领导要亲自抓，并根据对接进展情况，及时以省移民安置指挥部的名义，对郑州市、南阳市的主管副市长、迁安双方县级主要负责人下发了督办函，指出了在对接中各自存在的问题，要求限期解决。同时，省移民安置指挥部办公室成立了社区对接巡查组，由省移民安置指挥部办公室常务副主任任组长，下设3个联络组。联络组成员实行包县（市）制度，具体负责分包县（市）社区对接工作，协调迁安双方对接中的问题处理，并和库区派出的对接工作组一道常驻分包县（市）协调对接工作。此外，省办对社区对接工作实行周报制度，每周及时将本周对接进展情况、存在的问题、意见和建议等，以通报形式上报至省政府主管省长、指挥部、指挥部办公室及迁安两地市、县政府和移民机构。

在各级的共同努力下，4个社区分别于2011年3月17日、19日签订了对接安置协议。

第三节　土地调整及分配

生产安置是保证移民“搬得出、稳得住、能发展、可致富”的重要环节，生产用地按规划标准划拨到位是生产安置的关键。

一、生产用地调整存在的问题

国家土地承包法规定承包责任制30年不变，由于基层政策宣传的不到位，不少农民认为自己承包的责任田不能征用。同时国家现行的水利水电工程建设征地及移民安置，和机场、高速公路等建设征地的标准差距很大，和各地执行的区片地价相比，差距更大。尤其是丹江口库区移民安置，根据省委、省政府“三靠近”原则，移民点位置较好，划拨生产用地的耕作半径不能超过3千米并且要求集中连片，一些需要给移民调整土地的周边群众，给移民调整土地后，还需要从其他村组推磨调地，如荥阳市魏营安置点的生产用地从原居民8个村中推磨调地，从2.5万亩中调整出2 000多亩地给移民。因此，在实际工作中，一是由于需要集中连片调整土地，为避免安置地群众和移民的生产用地产生倒挂现象，推磨调整涉及面广、难度较大；二是由于价格偏低，不仅低于南水北调的干线征地，更低于当地的区片地价，导致群众的工作不好做。

二、处理措施

由于此类问题是国家的政策性因素造成的，因此省办一方面积极向国家有关部门反映，争取相关政策。另一方面在现有情况下，通过各级政府大力宣传南水北调工程建设的重大意义，形成强大的舆论氛围，耐心细致地做工作。同时为保证移民能在安置地及早收获粮食,省办针对移民搬迁时间和生产季节,明确规定必须在每批次搬迁年份的夏收前将生产用地从安置地群众中调整出来,夏收后将生产用地移交给县级移民机构,对不需要土地整理和水利设施配套的土地,县级移民机构可直接移交给移民村。9 月底前将生产用地分配到户,保证移民种上小麦。通过这种办法,实现了按计划调地,既降低了调地的成本,也有效避免了移民和安置地群众之间的矛盾,保证了稳定。目前,没有发生一起因为土地调整造成移民和当地群众之间发生矛盾的事件。

生产用地调整到位后,大部分移民村按照“四议两公开”的办法,将生产用地分配到移民手中,但也有部分移民村因为划拨的生产用地中地块好坏不一、虚假人口剔除的不彻底,或者是干部作风问题等,导致群众有意见,迟迟不能分田到户,甚至有部分移民因此而上访,影响了稳定。为此安置地在做好群众的思想工作,争取群众的理解和支持的同时,由政府组织,先行替移民种上了小麦,以不误农时。

第四节　资金结算问题

移民资金结算是安置的一个重要环节,只有对安置实施中上级拨付的各项资金按时完成了结算、核销,才从另一个方面意味着移民安置工作的按时完成。在河南省移民安置的实践中,在资金的结算上,也或多或少存在着一些共性问题。

一、移民资金拨付程序

按照省移民安置指挥部办公室关于移民资金的有关管理规定,移民资金按“责权统一、计划管理、项目管理、专款专用、包干使用”的原则管理,实行县为基础核算单位,乡(镇)、村为报账单位的管理体制。移民资金由乡(镇)政府在乡(镇)农村信用社统一开设资金专户,实行专户专储,专款专用,村移民资金与乡(镇)移民资金统一账户,分村核算。

(1)移民建房资金拨付程序。乡(镇)人民政府是移民新村房屋建设资金的管理主体,县级移民机构依据移民户资金明白卡、移民建房及资金管理委托协议书和施工进度,向乡(镇)下达投资计划,并将预付款拨付到乡镇移民资金专户,工程竣工验收后,安置地乡(镇)分村、组填写个人补偿领款汇总表,到县移民管理机构报账核销。个人补偿费若有结余,按规定的手续由移民户到乡(镇)移民财务机构领款。

(2) 由乡(镇)、村实施的安置点基础设施和公益设施,所需资金由县移民管理机构依据经省移民安置指挥部批复的设计报告及上级移民部门审批的资金下达计划,由安置地乡(镇)按照施工合同、工程进度、填写资金拨付申请表,到县移民机构办理审核拨款手续,县移民机构将资金预付到乡(镇)资金专户,再由移民迁安组织、监理单位、安置地乡(镇)政府主要负责人签章同意后,乡(镇)移民财务将建房款拨付到施工单位。

二、存在的问题及原因

在账务处理上,目前存在的主要问题是资金结算缓慢,其主要原因:一是计划下达的资金中，部分项目的操作性不强或需要等项目实施完成后才能兑现。如下达的生产奖补资金，为了改变移民收入来源单一的局面，省办按照人均 300 元的标准下达了生产奖补资金，由安置地统筹使用。该资金的用途是对于实施生产开发的项目，等项目实施完成并经验收后进行奖励，目前由于各地生产开发进展速度不一，因此一些地方该项资金迟迟不能结算。二是对需要通过计划调整项目的，没有履行报批程序。从对各地账面资金余额的分析，发现部分地方对已经实施完成的项目，可能产生的结余资金或者需要补差的资金，需要通过上报计划的执行结果，如果不报，从实施角度看，虽然有给予或者调差，但从资金账上看不出来，等于没有调整。三是按照省办有关要求，对市、县的包干基本预备费，每半年上报一次实施情况，从执行情况看，效果不理想。

三、处理措施

移民资金是“高压线”，制定完善的移民资金管理制度，加强监督管理，对防范和纠正移民资金使用中的“跑、冒、滴、漏”和挤占挪用等，都是十分必要的。针对资金管理中出现的问题，尤其是结算迟缓的现象，主要采取了以下措施。

（一）明确资金用途

按照国家及省有关规定，南水北调移民资金实行项目管理，各级各部门根据移民实施规划报告划分的项目，严格按照计划文件进行资金管理。对实施中实际投入资金和规划计划资金的差额，必须按照省办有关规定及时对计划进行调整，项目之间资金的调整使用按照省办《河南省南水北调丹江口库区移民安置建设项目管理办法》、《河南省南水北调丹江口库区移民安置计划管理办法》、《河南省南水北调丹江口库区农村移民基本预备费使用意见》严格执行。

（二）尽快完成资金兑付和结算

为加快资金结算，省办以文件形式对各地明确了一些项目资金的发放时间。如要求迁出地在移民搬迁前全面完成移民资金卡的发放，移民到达安置地后，抓紧开展移民人口公示复核，对移民人口无异议的家庭，尽快开展移民补偿补助资金兑付和结算，分户签订移民资金结算书。在移民搬迁安置后 10 日内，开始按月给无争议移民发放过渡期生活补助费。

（三）严格拨付管理

在资金的拨付上，坚持严格审批、按照计划、进度和合同，及时将各项目资金对移民或施工单位进行结算。为保证资金的使用效率，省办制定了各省辖市、县（市、区）移民机构账面资金额度控制的规定，如果账面资金超过规定额度，便暂停对该机构的资金拨付，同时督促该机构及时下拨、核销资金。同时督促各地按照先易后难的原则，加大移民专项资金的核销力度，重点做好征地资金、房屋建设资金、基础设施建设资金及相关经费的核销。

（四）强化监督管理

按照国家财务管理的有关规定，省、市、县各级移民机构都层层建立了移民资金使用管理的责任制，对移民资金设立专用账户，实行专账专管、专款专用。各相关部门都签订了责任书，明确规定哪一级的资金管理出了问题，就追究哪一级的责任。同时加强了对移民资金的内部审计，在加强省级审计的基础上，各地审计部门也积极介入，加强对移民资金使用的监管工作，发现问题及时指出，要求限期整改，确保了资金的安全和有效使用。

第五节　用地手续办理问题

用地手续办理虽不是影响移民安置的制约因素，但是是影响整个移民安置工程验收的一个重要因素。同时，对移民新村占地及时进行用地手续办理，是为移民在安置地办理宅基证、房屋产权证的前提，也事关移民的稳定。但由于各方面政策的影响，截至目前，河南省在丹江口库区淹没土地的用地手续办理和移民新村用地手续办理方面还存在一些问题没有解决彻底，影响了这些用地手续办理的进度。

一、基本情况及原因

南水北调丹江口水库淹没河南省总土地面积21.69万亩，其中耕地12.66万亩、园地0.52万亩、林地1.2万亩；需搬迁安置移民16.2万人，其中进点集中安置14.67万人；新村建设需占地面积1.87万亩。库区淹没和移民安置占用耕地数量大，致使耕地占补平衡困难，同时由于国家征地标准低且没有足额计列相应的耕地占用税、耕地开垦费以及相应的林地可研、征地手续费等费用，导致河南省无法及时办理库区和移民安置点的建设用地手续。究其原因，主要存在以下几个方面：

（1）计算耕地占用税时基本农田的比例偏低。根据国家批复的初步设计规划，在计算河南省的耕地占用税时，基本农田耕地的比例是87%，该比例是按照国家2009年核定的《河南省土地利用总体规划（2006—2020年）》中的数据，该数据是全省的平均数。河南省在丹江口库区移民的安置对接阶段，为移民选的多是区位优越、水土条件较好、交通便利的地段，基本都在基本农田保护区，基本农田比例高于全省平均水平，据统计，河南省除辉县、淅川县的部分安置点和库区的基本农田比例在90%外，其余各县（市、区）移民安置点所在区域的基本农田比例在96%～100%。

（2）耕地开垦费没有足额计列。根据河南省办公厅“关于加强土地调控严格土地管理的通知”（豫政办〔2007〕33号）规定，考虑河南省丹江口库区淹没影响和移民安置用地90%以上为基本农田。基本农田耕地开垦费标准为：望天田10元/平方米，旱地12元/平方米，水田、水浇地、菜地14元/平方米，比非基本农田高10元/平方米。而国家批复的耕地开垦费缴纳标准是按照相应地类应缴纳标准的70%计算，且没有考虑基本农田的因素。

（3）不同工程建设用地同地不同价问题。同地不同价问题是我国现行体制性问题，丹江口库区移民尤其突出。主要表现在两个方面：一是与中线干线工程同地不同价问题。如淅川县库区移民旱地标准为1.88万元/亩，中线干线为2.2万元/亩，少0.32万元/亩；郑州市库区移民水浇地标准为2.83万元/亩，干线为2.63万元/亩，少0.2万元/亩。对此问题，当地群众强烈要求南水北调工程同地同价。二是南水北调工程与其他工程同地不同价。丹江口库区外迁移民水浇地标准为2.63万元/亩，高速、高铁等工程标准为3.5

万～4.6万元/亩，少1万～2万元/亩。巨大的差价，不仅使地方政府在征地时困难重重，安置区群众对此意见也很大。

四是没有计列与征地有关的行政性收费。按照国家《地质灾害防治条例》、《矿产资源法》、《文物保护法》等有关规定，建设用地必须开展地质灾害调查评估、占压矿产储量调查、建设用地文物勘探等工作，占用林地可研是林地征占的依据，征地勘界费、征地手续费已经纳入国家行政收费许可目录，移民外迁后，其土地证、宅基证等有关证照，按规定需重新办理。这些工作的开展，国家都没有计列相应的费用。

二、处理措施

针对上述问题，河南省多次向上级有关单位建议：一是按照河南省各安置地基本农田的实际比例计算耕地占用税；二是足额计列耕地开垦费，并且考虑到库区淹没耕地面积大，建议国家对库区淹没耕地的占补平衡问题单独出政策，不占用河南省的占补平衡指标；三是实行同地同价并且考虑与征地有关的行政性收费。

在向国家积极争取有关政策的同时，省办也高度重视丹江口库区移民用地手续的办理工作。向省政府专题做了报告，同时积极与省国土资源厅进行沟通协商，研究加快办理用地手续的具体措施，尽量为移民用地手续办理开辟绿色通道，简化程序、特事特办，并力争减免有关费用，专列用地指标。

针对丹江口水库占用耕地面积大、开垦费标准低、占补平衡任务难以落实的问题，省国土资源厅向国土资源部进行了反映。根据国土部“首先保障国家重大工程和扩内需保增长及民生项目的建设用地需求”的批示，省国土厅要求涉及移民安置市、县国土部门对丹江口库区移民建设用地项目的用地审批实行“绿色通道”，提前参与、主动服务，尽快完成报批，但是耕地开垦费需要按照国土部和省政府的规定缴纳，标准是耕地每亩6 000元，基本农田每亩12 000元，和国务院南水北调办批复的缴纳标准还有不小的差距。

第六节　移民村基层组织建设问题

移民村的村级班子建设问题，一直是各级政府关注的问题。通过试点移民，结合其他水库移民的经验，基层组织建设非常重要。凡是基层组织凝聚力、战斗力强的，各项工作往往都比较顺利；反之则经常出现这样那样的问题。因此，加强基层组织建设，在工作中要加强对村组干部和党员的教育培训，引导广大党员干部服从大局。对薄弱涣散的移民村班子该整顿的整顿、该调整的调整，确保安置工作的稳定进行。

一、基本情况及原因

南水北调丹江口水库淹没影响河南省淅川县11个乡（镇）184个行政村。其中，淹没影响人口的涉及11个乡（镇）168个行政村，规划外迁的移民村涉及153个，其中整搬整迁的移民村34个，仅占移民村的20%。在所有的移民村中，村基层班子凝聚力强、有威信、班子齐全的移民村大约占移民村的32%，从这两个数据可以看出，淅川县丹江口库区绝大部分移民村属于“半拉子村”，普遍存在着村两委班子软弱涣散或不健全的现象，有些村甚至存在两委班子成员由当地党委、政府临时指定负责人的现象。相当部分移民村群众间宗族、派系关系复杂、干群关系紧张，在安置对接、新村建设、质量监督等方面工作阻力大，给安置工作带来很大困难。

二、处理措施

为加强基层组织建设，发挥基层党组织的战斗堡垒作用和先锋示范作用，必须首先解决移民村干部作风问题。在工作中，对群众反映的村干部作风问题，省办及时批转有关地方和部门，进行认真依法调查处理。省移民安置指挥部办公室还会同省委组织部对移民村基层组织建设情况进行了调研，联合出台相应的文件，召开专题会议，进行安排部署，要求各地加强移民村两委班子建设，选好配强村两委带头人，把一批能力强、作风正的党员群众吸收进村领导班子，建立健全各项规章制度，形成良好的民主决策机制，为搞好移民工作提供坚强的组织保证。同时，地方各级党委、政府根据各村的实际情况选派了驻村工作队帮助工作，妥善处理各种问题，有效地化解各种矛盾，促进了移民迁安和谐顺利推进。

第十八章 移民搬迁成果评价

移民搬迁后的成果如何，是否能够实现“搬得出、稳得住、可发展、能致富”的目标，是主管部门以及社会各界普遍关注的关键问题，也是移民搬迁工作是否成功的检验标准。为了确保掌握移民搬迁后的真实情况，深入了解工作的实施效果和存在的问题，河南省专门委托河海大学课题组，对河南丹江口水库移民库区及安置点进行了调研。

课题组本着“全面反映，重点突出，典型解剖与面上综合分析相结合”的研究原则，对移民搬迁前后主要指标进行了详细的调研和分析。调研通过抽样现场调查、发放调查问卷等形式进行，调研范围涉及丹江口水库河南库区移民村10个村和对应移民安置点12个。得出了客观公正的结论：丹江口库区移民安置工作已取得显著的阶段性成功。

第一节 搬迁前后主要生活环境和条件的变化

移民生活环境的变化，最主要的是居住环境、居住条件、基础设施、生活设施的变化，是移民群众面临的最大的改变，也是最直观的改变。库区村落是多年来自然形成的，缺乏统一规划。移民搬迁后，人均建设用地按85平方米控制，户均宅基地按河南省土地管理实施办法规定的适用条款上限标准布置，居民点水、电、路、通信、有线电视、绿化、环卫等基础设施均已配套，实现了安全、规范的集中饮用水供应，全面道路硬化“户户通”，广播电视、网络的全覆盖，学校、医疗设施的就近服务等，移民搬迁后居住环境大有改善，远好于搬迁前水平。

一、搬迁前后居住环境的对比

（一）房屋面积

试点村移民在库区人均房屋面积20.9平方米，其中82%的住房为砖土木结构，质量较差。规划中，移民房屋补偿费均未考虑旧料利用，全部按新建房屋予以赔偿，同时对人均房屋及附属建筑物补偿费不能修建24平方米砖混房屋的移民户进行了差额补助。搬迁后，移民房屋质量得到大幅度提高，人均住房面积由原来的20.9平方米提高到33平方米。

搬迁前，大部分的移民居住在土木结构的房屋里，分布零散，通风采光条件较差，往往比较潮湿，而且空间比较狭小，居住环境很差。搬迁后，移民的住房条件明显得到了改善和提高，住房全部经统一规划，整齐有序，全部移民住上了砖混结构的二层楼房，通风、采光条件也大大优于从前。

（二）饮水条件的变化

搬迁前，在被调查的移民户中，饮用水来源为自来水的占44%，使用井水的占41%，使用水窖的占9%,选择其他水源的占6%。移民使用的自来水其实是通过管道从山上引过来的山泉水,很难保证居民的饮用水安全。

搬迁后,移民的用水情况得到了极大的改善,通过从集镇上接通自来水,或是安置区挖深井取水,居民100%可以随时使用上自来水,而且都是经过净化处理的。每个移民村都采用了标准的自来水系统,自来水管通到各家各户,不仅移民用水条件极为方便,人均生活用水每天100升(含畜禽用水),水量满足居民生活用水需要,且水质满足《生活饮用水卫生标准》(GB 5749—2006)的有关规定,搬迁后移民的饮用水安全人数达到100%。

(三)用电情况的变化

搬迁前,移民村供电设施建设较差,用电功率较小,只能用于照明,家用电器的拥有率和使用率都较低。搬迁后,移民新村都架设了输电线路,家家通上了电,供电稳定,功率也比较高,用电情况较搬迁前有很大提高。在调查中还发现绝大多数移民户家中已经用上电磁炉和液化气,摒弃了过去柴火烧菜、烧水的传统,家庭环境和生活方便程度得到了大大改善。

二、基础设施的变化

(一)对外交通

河南丹江口移民在搬迁前,大多居住在山地或丘陵地带,交通十分不方便,乡村道路绝大部分是土石路面,各村之间连简易的公路都没有。搬迁前部分村庄甚至要通过坐船才能到县城。搬迁后移民的交通状况有了显著改善,移民的安置地一般选择在交通发达的平原或距离县城很近的地方,所有的移民村都修了通往县城的柏油公路,移民村主次街道硬化已达100%,移民出行可以很方便坐上公交车,交通十分便利。

搬迁到安置区后不仅移民到乡(镇)和县城很方便,而且移民点离公路也非常近,平均距离为125米,与搬迁前的377米相比缩短了252米,方便居民的出行。交通条件的改善不仅仅可以满足移民出行的需求,而且可以带来丰富的信息,增加移民的见识。安置区目前多位于镇区附近,移民可以就近发展相关产业。例如,邓州市张义岗村就位于孟楼镇附近,离镇中心2千米,移民不仅可以发展大棚蔬菜;而且还可以在孟楼镇上找到一些临时性工作,包括建筑、装修等,一些有特长的年轻人还可以在镇上开店铺或专卖店,或是从事专门的装潢、修理等工作。

被调查的10个移民村搬迁前后各村对外交通情况见表18-1。

(二)村内道路

搬迁前,村内大多为泥土路,群众出行时,经常晴天一身土,雨天两腿泥。搬迁后,移民村村内道路有了非常明显的改善,村内道路全部硬化、亮化,不仅道路质量比搬迁前好,而且道路路面比搬迁前宽,两旁都种上了整齐漂亮的景观树,不会出现下雨道路泥泞的状况。搬迁前后各村村内道路情况见表18-2。

表 18-1　搬迁前后各村对外交通情况

项目		曹湾	姬家营	马川	狮子岗	魏营	姚湾	鱼关	张湾	张义岗	周湾
搬迁前	去乡镇路程（千米）	5	8	3	11	13	18	11	4	12	4
	去乡镇时间（分钟）	30	10	12	30	25	50	30	10	20	30
	去县城路程（千米）	22	50	30	23	13	19	40	30	50	61
	去县城时间（分钟）	100	120	60	30	25	60	120	60	60	120
搬迁后	去乡镇路程（千米）	1	7	6	7	3	—	1	4	1	0.5
	去乡镇时间（分钟）	2	15	20	10	10	—	2	15	5	5
	去县城路程（千米）	24	24	4	12	15	—	45	35	40	13
	去县城时间（分钟）	25	40	15	20	20	—	40	40	60	40

注:交通工具以公共汽车为准。

表 18-2　搬迁前后各村村内道路情况　　（单位:米）

道路类型		水泥路	沥青	粗石子路	砂石路	泥土路
搬迁前	曹湾					3
	姬家营					3
	马川	3				
	狮子岗					3.5
	魏营			4		
	姚湾				5	
	鱼关	3				
	张湾			4		
	张义岗				5	
	周湾					3

续表 18-2

道路类型		水泥路	沥青	粗石子路	砂石路	泥土路
搬迁后	曹湾	6				
	姬家营	6				
	马川	6.5				
	狮子岗	3.5				
	魏营	3.5				
	姚湾	—				
	鱼关	3.5				
	张湾	3.5				
	张义岗	3.5				
	周湾	4				

（三）排污设施

搬迁前，移民的环境卫生意识比较薄弱，移民村的移民生活垃圾随意堆放，生活污水主要是通过房屋周围的阴沟随意排放。搬迁后移民社区垃圾有固定的堆放点，均铺设了地下水管道，生活污水通过下水管道排放，实行雨污分流，并专门建设了污水处理设施，减少了对安置小区的环境污染，卫生状况较搬迁前有了很大进步。

移民群众对这次移民安置情况总体上非常满意。原阳县移民邓新年在宽敞明亮的新房里，激动地告诉调查人员："要不是因为水库搬迁，我一辈子可能就住不上恁好的房子，生活在恁好的地方。"许昌县榆林乡姬营新村一位叫张发祥的老人专门写诗表示对党的感谢。

第二节　搬迁前后主要经济发展条件的变化

移民搬迁后，在当地能否安稳地生活下去，最主要的还是看是否有稳定的经济收入。主管部门从规划阶段开始，就充分考虑了移民搬迁后的生产发展途径，根据库区情况，农业生产仍是农民重要的生活来源和保障，多年的移民工作实践表明，凡是采取农业安置方式的，移民均能较快地适应安置地的生产生活，有较为稳定的生活保障，移民安置区比较稳定。而采取非农业安置方式的，相对存在一定风险，如果对移民的长远生计和发展考虑不足，可能会带来移民就业无门、发展无门等诸多问题，甚至成为影响区域社会稳定的潜在因素。因此，为了确保移民的收入不降低，生产安置坚持以土为本、大农业安置为主的原则，并尽量靠近生产基地、工业园区，方便移民转移就业。

一、收入水平搬迁前后对比

（一）搬迁前移民的收入特点

搬迁前，移民村人均耕地较少，仅有 0.39 ~ 1.21 亩，剩余劳动力资源较为丰富，村收入主要由土地收入和劳务输出两部分组成。移民村由于位于丹江水库两岸，依山靠水，土地收入多元化，主要体现在：

(1)淹没区是农业生态较好的粮食经济作物产区，地势平坦、土质肥沃，农业生产条件较好。如淅川县张湾村，淹没区内虽然人均耕地面积仅有0.48亩，但灌溉设施齐全，主产水稻、蔬菜、莲菜等作物，同时发展稻田养鱼，当地居民收入相对较高。

(2)部分靠近水库的村组，宽阔的水面为发展渔业生产提供了得天独厚的条件，村民在渔船、渔网等渔业生产资料方面较多，形成了天然网箱、投饵网箱、库汊养鱼等全面发展的格局，渔业收入已成为家庭收入的重要组成部分。

(3)依靠山地资源发展养殖业、林果业等，也成为移民收入的一部分。

(4)水库建成运行30多年来，因受来水及调度的制约，库水位在不同时期涨落和持续时间的长短不同，致使157米以下大面积的土地露出水面。10个被调查村现有消落地0.65万亩，人均0.59亩，由于消落地面积大，出露时间较长，土壤肥沃，能满足不同作物的生长发育需求，一年种地的收入可抵淹没线上耕地几年的效益，目前已成为试点村居民的重要经济来源之一。

根据地方部门提供的资料，库区村移民2006年人均纯收入为2 700～4 900元，其中土地收入占54%(包括消落地利用)，第二、三产业和劳务输出占46%。

(二)搬迁后安置区收入特点

根据外迁安置区国民经济统计资料，外迁安置区土地调整涉及乡(镇)2006年农民人均纯收入为3 747元。外迁安置区现状经济水平高于库区，但居民收入构成与库区不同，其中第一产业占66%，第二、三产业及劳务输出占34%。由于安置区为平原地带，耕地资源较为丰富，山地资源较少，第一产业收入中种植业占了87%左右，当地居民在满足粮食生产的条件下，根据市场需求大力发展高效特色农业。例如临颍县安置移民的小庄李居民点所在王岗镇，人均耕地1.29亩，该镇利用作物种植时间差，大力推广小麦套种小辣椒的种植模式，使土地亩产值远高于两季轮作，辣椒已成为全镇支柱产业之一。目前，全镇重点逐渐向发展辣椒加工业发展，初步形成了“基地建设＋加工企业”的配套模式。社旗县安置移民的晋庄乡崔官村，也大力推广“麦套椒”种植方式，收入颇丰。新野县安置移民的王庄镇前孙村大力发展多种收入经济，通过养黄牛、牲畜，鼓励当地农民外出打工，发展副业、种植多种庄稼等形式增加收入来源，当地居民收入相当可观。同时，新野移民新村根据移民群众需要，新增建设47户门面房，方便当地移民搞个体经营，增加收入。由此可见，外迁安置区农业生产比库区具有优势。

(三)搬迁后移民收入水平

通过对搬迁前移民收入的调查核实，表明移民村虽然农业生产条件较好，但外出务工人口较少，造成人均收入偏低。搬迁前2009年各村平均人均纯收入为5 837元，搬迁后2010年移民家庭人均纯收入为6 478元。无论是收入总体水平还是收入结构都发生了较大变化。搬迁前移民农业收入占总收入的比重为47.17%，搬迁后农业收入占总收入的比重为27.5%，搬迁前后相差19.67%。搬迁后工资性收入的比重高于搬迁前15.1%，这表明了搬迁后移民收入来源的重点在于工资性收入。

从上述分析可以看出，虽然库区存有丰富的发展资源，移民收入呈现多元化状态，但是在区位、环境、交通、发展机会等相对较多的安置区，经济收入同样具有多样化的特征，且纯收入水平高于库区水平，丹江口库区移民“生产生活水平不仅不降低，而且有所提高，不低于安置区原居民的生产生活水平”的移民安置目标有望顺利实现。

二、移民劳动生产方式的变化

搬迁前，移民在库区有着丰富的资源。大多移民家庭除粮食种植外，还从事多种经营，如种植业、林果业、家庭养殖业等。搬迁使移民的劳动生产环境发生了变化，并在客观上影响了移民的劳动生产方式。

库区种植模式与外迁安置区有一定的差别。外迁安置区位于河南豫中、豫北一带，当地居民在发展粮食生产的前提下，大力发展经济作物，各地均形成了具有特色的支柱产业，例如临颍辣椒、中牟大蒜、新野王庄镇花生等生产。库区移民虽然大部分掌握了水稻、小麦、玉米、油菜、芝麻等作物的一般种植技术，但相对于发展高效农业所需的种植技术而言水平仍然较低。移民对安置地劳动生产方式的适应状况也是决定移民收入的重要因素，为此各级地方政府积极促进移民对新的劳动生产方式的适应。例如：社旗县委、县政府牵头，移民局、社旗县农业技术推广中心承办，分期分批对移民进行小麦优质高产栽培技术培训，使广大移民迅速掌握了新的种植技术，适应当地种植生产方式，提高了收入水平。

三、生产条件

生产条件是移民生产和生活恢复的前提和保证，以丹江口库区移民安置的基本情况来说，主要包括耕地条件以及就业条件两个方面。

（一）耕地条件

与搬迁前人均土地面积 0.66 亩相比，搬迁安置后，移民人均土地面积均增加了 0.53 亩。搬迁前，在移民的土地类型中，水田占 9.02%，水浇地占 18.05%，旱平地占 37.14%，旱缓坡地 21.65%，旱陡坡地占 4.66%，菜地占 5.26%，园地占 3.61%，养殖水面占 0.60%，见图 18-1。

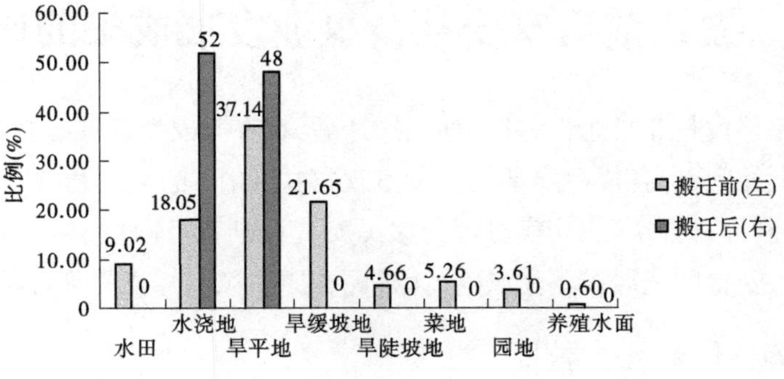

图 18-1　搬迁前后移民户土地类型分布(%)

搬迁后移民分配的标准是人均 1.4 亩的旱地或者 1.05 的水浇地，土地类型为水浇地和旱地。并经当地政府统一进行土地整理开发，灌溉、用电等配套设施一应俱全，搬迁后移民生产灌溉用水基本上能够得到保障，土地基本可采取机械作业。搬迁后，不仅土地面积大大超过搬迁前，且土地质量好于搬迁前。

（二）就业条件

丹江口库区出县外迁安置农村移民占 90% 以上，农村剩余劳动力较多，但由于文化水平较低，外出打工人员收入主要以体力劳动为主，大部分收入较低，而且没有长期保障。

为此，各地在开展移民搬迁安置的同时，对于移民发展技能培训工作也非常重视，出台了大量强有力的措施，根据市场需求和自身特点，采取了针对性的培训方法和套路，提出了让每家至少一名劳动力掌握一门技术的目标，让剩余劳动力掌握一技之长，顺利向城镇和第二、三产业转移，促进就业，维护社会稳定。

郑州市中牟县委、县政府在移民搬迁安置后，为了增加移民群众的就业门路，让移民尽快投入到生产生活中去，分期分批对姚湾移民新村移民群众进行电子技术、土木工程、农业技术、汽车驾驶、机电等技能培训，每期 3 个月，邀请农村致富带头人，科技院校专家、教授以及有关领导授课，采取全封闭、理论与实践相结合的方式方法。培训费用全部由县政府承担，且移民每人每天补助 10 元。培训结束后，发放技能培训证书，县政府全部给予推荐工作。此举，为当地上百名群众找到了就业门路。

原阳县积极引导移民利用传统的手工编制地毯技术和当地的经济资源相结合方式，做强做大地毯手工艺品行业。狮子岗移民新村村妇女主任彭妞子在当地劳动部门的帮扶下，带领本村懂编制、会设计的妇女成立了地毯手工艺品农民专业合作社，外贸出口公司负责提供图纸、下订单、收购产品。过去的家庭妇女不出门每月就能赚上千元，不但吸引了移民村的妇女参与其中，当地邻近村的妇女也慕名而来，目前已拥有社员 100 多户，吸纳富余劳动力近 200 人，成为了全省的“一村一品”引智示范基地。在包县工作组省粮食局和当地政府的帮助下，该村正准备融资 350 万元建设一个占地 50 亩的织毯厂，预计可实现纯利润 200 万元，可安排 500 人就业。

第三节　搬迁前后享受社会事业发展成果的比较分析

丹江口水库移民是非自愿性移民，移民搬迁后，存在与安置区原有社会功能和资源配置进行重新分配的问题，各级政府部门高度重视移民工作，把移民利益放在首位，关注移民生产与生活，制订切合实际、切实可行的移民安置计划，保证移民搬迁后尽快恢复各项社会事业条件且安置区老居民不受影响，让移民和原住民同样享受到各项政策和实惠。

一、对弱势群体的社会救助

对于移民中的弱势群体，例如贫困家庭、残疾人员家庭、以妇女为主的家庭、65 岁以上单身且无法定赡养义务人的单独生活的老人家庭和少数民族家庭等，除享受移民相应的优惠政策外，政府还应给予特别关注和支持；同时，河南省移民办还积极推行移民加入养老保险的安置模式，为移民解除后顾之忧。作为移民帮扶的主要措施，省办下发了《河南省南水北调工程建设征地移民优惠政策》，明确了移民所享受的优惠，并制定了相关的帮扶部门，各有关部门全力以赴、齐抓共管，出台了大量真金白银的优惠政策，使帮扶移民成为看得见、摸得着的，切实给移民带来实际效益的措施。

二、教育环境的变化

学校教育方面，搬迁前后水库移民子女入学率没有多大差异，适龄儿童入学率都已达到100%。但搬迁前，移民得到的教育资源明显不足，在教育设施、师资力量等硬软件方面与搬迁后都有很大差距。搬迁前，学校校舍和教室十分简陋，师资力量不足；此外，由于移民大多居住在山区、半山区，村落比较分散，因而学生读书距离很远，读书很不方便，这些都严重影响了移民的受教育程度。

搬迁后，根据规划，大型村和服务半径范围内移民人数超过500人的中型村，距当地最近的小学超过1千米时，原则上设置1所小学。小于100人时设置初小，大于100人时设置完小，幼儿园设在小学内，学生读书距离很近，十分方便。教育部门把移民新村学校纳入校安工程，在原有投资的基础上加大了投资力度，并从当地学校中选拔优秀教师配备到移民村学校，硬件软件设施与师资相比搬迁前都有较大的提高，加上目前国家对农村义务教育实行"两免一补"的政策，搬迁后移民子女的受教育条件得到极大改善。

三、医疗环境的变化

搬迁前，移民村的医疗条件较差，卫生所基础设施缺乏，不但房屋破旧，设施简陋，医疗器械陈旧老化，而且医疗卫生人员也相当匮乏，难以达到正常医疗保健的要求，导致看病问题比较突出。因距离较远、交通不便，只有当家里有人生了大病的时候，村民才会去乡（镇）卫生所或县（市）级以上的医院。搬迁后，移民的就医条件得到了明显的改善，村村都设立了标准卫生室，硬件和软件方面都有质的提高，且移民村离乡（镇）卫生所和县（市）级医院都很近，就医十分方便。

四、广播电视通信事业的变化

据统计，搬迁前，被调查的10个村的固定电话覆盖率为47.4%，平均有线电视覆盖率为10.4%。

搬迁后，被调查的9个村的固定电话普及率为56.1%，平均有线电视覆盖率为100%。在当地政府及电信部门的大力支持下，移民村村部机房或接线处都架设了通信电缆。根据居民点具体条件确定，原则上就近接线。部分移民新村的电话实现村内组网，互打不花钱，为移民节省开支。此外，每个移民村还安装了电视信号接收器，铺设了通信线路，通信信号、通信质量有了很大的提高。荥阳市东西魏营新村等村还配备了数字高清设备，使移民更加广泛地接触到了外界丰富的信息和娱乐休闲，丰富了移民的文化生活。

五、环卫设施与绿化

搬迁前后各村绿化与环卫设施情况见表 18-3。

表 18-3　搬迁前后各村绿化与环卫设施情况　（单位：平方米、个、处）

项目		曹湾	姬家营	马川	狮子岗	魏营	姚湾	鱼关	张湾	张义岗	周湾
搬迁前	绿地面积（平方米）	0	0	0	0	0	0	0	0	0	0
	垃圾桶个数	0	0	0	0	0	0	0	0	0	0
	垃圾堆放处	0	0	0	0	0	0	0	0	0	0
	公厕	1	1	0	4	0	4	0	1	12	0
搬迁后	绿地面积（平方米）	1 000	1 000	—	1 000	2 000	—	—	—	2 000	—
	垃圾桶个数	38	10		40	21	—	9	—	5	2
	垃圾堆放处	0	6	0	2	0	—	0	—	0	4
	公厕	2	4	1	4	0	—	1	—	0	1

搬迁前，移民村都属于自然村落，生活废弃物都是移民自行处理，没有专门的垃圾桶等环卫设施，只有部分村庄建有公厕。搬迁后，移民村的规划设计参照了河南省新农村建设标准，绿地、垃圾桶、垃圾堆放场和公厕等环卫公共设施配套齐全，并建立完善了切实可行的卫生管理办法，不但改善了安置小区的自然环境，也提高了移民群众的生活卫生意识。

总的来看，在各级党委和政府的高度重视下、在各有关部门和社会各界的鼎力支持和无私帮助下，搬迁后，移民基本生活得到了有效的保证，生产开发正在有序高效地进行中，移民各项生产生活水平指标都达到甚至超越了之前的生产生活水平。平顶山市郏县马湾新村一位移民自发写的一首诗歌恰如其分地表达出了移民的幸福心情：“淅川郏县一家亲，一脉相牵心连心。甘愿百姓当父母，情系移民做亲人。解放思想地流转，招商引资谋发展。政策优惠帮扶持，马湾明天更灿烂。”

当然，在搬迁后，不可避免地还存在一些问题，例如：刚搬迁移民短期内收入水平难以恢复，社会关系网络的重建还尚需时日，移民心理脆弱易产生不稳定因素等。这些还需要广大移民干部和移民群众不断努力，正确引导，完善措施，早日解决，真正把移民村建成“生产发展、生活宽裕、村容整洁、管理民主”的社会主义新农村。

第十九章　库区移民规划设计阶段的成功经验

移民是工程建设的重点和难点，如何做好移民安置工作，对各级政府而言，是智慧和执政能力的考验。要做好移民安置工作，就必须有一个科学的规划设计，那么在规划工作中要贯彻哪些理念、标准如何确定、采用什么安置方式、人往哪里去等，都需要在移民安置的谋划阶段确定。

一、指导思想方面

按照国务院南水北调工程建设委员会关于中线工程2014年汛后通水的总体安排，库区移民迁安工作原计划从2008年底开始，到2013年底结束。为全力支持南水北调中线工程建设，河南省委、省政府在2009年明确提出丹江口库区16.2万移民安置“四年任务、两年完成”的重大决策，即在2009年8月底完成试点移民1.1万人搬迁的基础上，2009年10月启动第一批移民6.49万人，2010年8月底前完成搬迁；2010年5月启动第二批移民8.61万人，2011年8月底前完成搬迁。

南水北调中线工程长期久拖不决，给库区移民的生产、生活带来了很多的不便和困难，尤其是2003年对库区实施“停建令”以来，库区各项基础设施建设停止，移民房屋不能盖、道路不能修，加上对一些企业的强制关停，严重影响了库区经济的发展，使库区群众深受其苦，移民盼搬迁、想早搬迁的愿望迫切。另外，2009年上半年受世界金融危机的影响，经济相对处于困难时机，各种原材料都比较低，早搬迁可以少花钱、多办事，既维护了移民群众的切身利益，又是缓解金融危机的影响、化危为机的重大机遇。同时，通过试点1.1万移民的实践，暴露了问题、积累了经验、锻炼了队伍，为开展大规模移民搬迁奠定了较好的基础。

“四年任务、两年完成”的提出，意味着党和政府将会多一份压力、多一份负担，意味着各级移民干部将为此要多一份艰辛和付出，但这一目标的提出，是省委、省政府充分体谅移民心情，顺应移民意愿的决策，其根本目的是要确保移民群众早搬迁、早安居、早发展，充分体现了省委、省政府情系移民、重在为民的执政理念。

二、安置规划方面

移民安置规划是实施工作的基础和前提，是国家各项政策落到实处的具体体现，一个科学可行的移民安置规划，是做好移民工作的关键。中华人民共和国成立以来，我国修建了大量的水利水电工程，水库移民遗留问题很多。究其原因，既有当时的历史背景和计划经济的影响，也有各级政府“重工程，轻移民”，对前期规划工作重视不够、考虑不周，没有编制科学的移民安置规划，盲目后靠，盲目外迁，给移民的生产生活带来了极大的困难。如河南省陆浑、丹江口库区初期工程移民就存在同样的问题。黄河小浪底水库移民安置，坚持以大农业安置为主，以土地为依托，编制了一个切实可行的移民安置规划，移民生产生活得到了妥善安置，目前已成为国内移民的窗口和世界银行水库移民的典范。

（一）从组织体系上保证规划设计工作的顺利进展

1. 河南省丹江口库区移民实施规划编制的组织体系

为保证按时完成河南省大规模移民的实施规划编制工作，经报请国务院南水北调办和省政府批准，河南省实施规划编制工作，采取“以长江设计公司为主并技术归口、黄河设计公司参与、共同完成”的模式。规划设计工作的具体分工如下：

长江设计公司：负责全省丹江口库区移民安置对接及以前的规划设计工作，库区规划设计工作以及南阳市、平顶山市外迁移民规划设计工作，并负责汇总编制移民实施规划总报告。黄河设计公司：负责郑州、新乡、许昌、漯河市外迁移民对接后的规划设计工作。

为加强对移民安置实施规划编制工作组织领导，省移民安置指挥部办公室成立了移民安置实施规划领导小组，组长、副组长分别由省移民安置指挥部副指挥长兼办公室主任、省移民安置指挥部办公室副主任担任，成员由省移民安置指挥部办公室、长江设计公司、黄河设计公司以及6个省辖市的移民机构负责人组成；领导小组下设综合协调组、长江设计公司规划组、黄河设计公司规划组等3个工作组。

综合协调组负责实施规划编制的具体组织、协调和服务、政策标准平衡等工作；长江设计公司、黄河设计公司规划组负责按照与省政府移民办签订的技术服务合同确定的技术服务范围内开展规划设计工作。

2. 河南省实施规划编制组织体系的优缺点

从目前可以查询到的资料看，一个水利水电工程移民安置实施规划的编制，都是由一个设计单位承担，尚没有两个设计单位独立承担编制实施规划的先例，因此可以说丹江口库区移民的实施规划编制工作，河南省也是开了全国的先河，体现了创新性。委托两个设计单位参与编制实施规划，其最直接的好处就是加快工作进度，保证设计任务的如期完成。按照“四年任务、两年完成”的目标，在两年内仅完成15.1万人的搬迁工作，其强度就已经超越了三峡和小浪底工程，更何况这其间还有很多前期工作需要补充，如编制实施规划工作大纲、确定分批次搬迁的移民村、对各移民村淹没线上剩余土地资源复核、移民任务的确定、淹地不淹房搬迁移民的界定和实物指标调查、移民安置去向的具体确定等，都需要花费大量的时间、耗用大量的人力来完成。而河南省第一批的移民规模是6.5万人，真正留给设计单位编制规划设计的周期只有3.5个月，第二批移民8.5万人的实施规划编制期限为5个多月，从试点规划情况和当时的工作量来分析，15.1万大规模移民的实施规划完全由一家设计单位承担，难以按时完成。这种担心并非杞人忧天，因为类似情况在初步设计阶段已经出现过。

当然一个项目由两家单位承担，不可避免地会带来一些问题，如两个单位间的组织协调问题、政策标准、设计深度把握的统一等问题。针对此类问题，省移民安置指挥部办公室实施规划领导小组专门设立了综合协调组，组长由省办单位，副组长由两个设计单位的分管负责人担任，其职责就是具体组织、协调和服务两个设计单位、保证政策标准平衡等工作，并且以文件形式明确了两个单位的责任分工和资料互提、成果提交的奖惩措施；同时为了进一步明确标准，保证设计成果质量，在《实施规划大纲》之外，又组织制定了《河南省丹江口水库建设征地移民安置农村集中居民点实施规划设计技术规定》，并且将分县农村移民的实施规划设计分为“三通一平”要点报告、居民点建设说明书、实施规划报告三个阶段，这样做既是在时间紧、任务重的形势下迫不得已的一种选择，也是保证政策标准统一、把握尺度统一、设计深度统一的一个重要手段。从实施效果看，河南省南水北调丹江口库区农村移民的实施规划委托两个设计单位、实施规划分三个阶段提交的模式，既保证了实施规划成果的按时提交、为安置实施奠定了基础，又保证了设计成果的质量，总的来看是成功的，为其他大型水利水电工程移民的规划设计和安置实施提供了借鉴。

（二）安置原则和安置形式

在南水北调丹江口库区移民的安置原则上，河南省提出了“两为主三结合”，即以外迁安置为主、以大农业安置为主；与社会主义新农村建设相结合，与地区经济社会发展相结合，与城集镇规划相衔接。在安置形式上，选择水土资源条件较好、基础设施及经济比较发达的南水北调中线工程受益区为主选择安置区；采取大集中、小分散，保持原来村、组建制模式进行安置，允许整户投亲靠友，但不搞分散插迁安置。实践证明，河南省的安置原则和安置形式是成功的。

1. *外迁安置是必然的选择*

相对于水利水电枢纽工程，移民安置涉及移民与非移民、淹没区与安置区、移民群体与政府间的错综复杂的关系，涉及统筹移民搬迁安置与地方积极发展的协调，不可预见因素多，政策因素敏感，任务更加艰巨。河南省丹江口库区人多地少，加上初期工程移民大量返迁的影响，人、地矛盾更加突出。据长江设计公司的调查资料，淅川县全县共16个乡（镇）514个村，人均耕地1.51亩，淹没影响涉及11个乡（镇）184个村，淹没后人均耕地1.31亩，库区淹没影响涉及的1 276个村民小组人均耕（园）地仅有0.96亩，其中人均耕地面积在0.5亩以下的村民组有245个，且淹没线上剩余耕地中，旱薄地占80%以上，坡度大，水土流失严重，蓄水保墒能力低，作物单产低且不稳。全县没有淹没影响的乡（镇），其耕地存在的共性问题是土地利用程度高、土地质量差、后备资源有限。因此，受库区移民安置容量与生态环境承载能力的制约，在初步设计阶段，河南省提出了库区移民以外迁为主，在南水北调干线受益区进行安置的原则。根据初设规划成果，当时测算外迁移民13.78万人，占全部移民16.13万人的85.4%。

2. *以土为主是现实的需要*

究竟选择怎样的安置方式，不仅取决于安置地环境容量因素，还受库区工业化程度、农村城镇化水平及农村移民的综合素质等因素影响。结合河南省丹江口库区移民的实际情况，选择的安置形式是以土地为依托，实行大农业安置。

农村移民生存的基础是土地，这是我国现阶段农村的现状所决定的。首先是农村移民长期生活在农村，主要以耕种土地为生，虽然有部分群众依靠下河养殖、上山放牧取得部分收入，但在移民群体中和总收入中所占比例较小；其次是农村移民普遍文化程度较低，掌握其他生产技能的接受能力较差，即使安置地给提供了第二、三产业的就业机会，长期的生活习性使他们适应起来也有一个较长的过程；第三，农村移民的特长是经营土地，他们有熟练的耕作技术，土地是他们生活的基本保障。

纵观我国已建的大中型水利水电工程移民，凡移民安置后土地问题解决得比较好的，移民群体都比较稳定，即使他们暂不适应安置地的生活习惯、耕作模式，出现一些不稳定因素，但只要后期采取一些相应的扶持措施，如土壤改良、技术培训、产业结构调整等，移民就能快速度过短暂的不适应期，实现“搬得出、稳得住、能发展”的目标。

3. 尽快恢复生活水平的基础保证

在移民生产用地调整上，地块划拨由安置地政府落实，应尽量选择水土条件较好、交通便利、区位较好的地方，生产用地划拨坚持集中连片、质量与当地群众大体相当、耕作半径适中的原则，以有偿调整老居民承包地和单位集体土地为主，这样做既切实维护移民合法权益，还可以以调整农业产业结构、配套农田水利设施、发展高新农业、提高土地产出为手段，保证搬迁后移民生活水平尽快恢复到原水平，并与安置区居民同步发展。

（三）安置规划

在安置规划方面，主要的标准是生产用地安置标准和生活占地标准。按照国家批复的初步设计，河南省确定的生产划地安置标准是：在本组以外、离城镇较远的农村调地安置移民，人均大棚菜地 0.4 亩，或水田、水浇地、果园 1.05 亩，或旱地 1.4 亩；原人均耕园地小于上述标准、且在本组或邻近组安置的移民，安置标准应不高于原有水平；在城镇周围或经济较为发达、不以土地为唯一谋业手段安置的移民，可根据移民意愿，结合当地实际情况，适当降低土地安置标准。居民点规划建设用地标准为人均 85 平方米（包含坑塘用地），每户宅基地标准为 167 平方米。

对外迁移民而言，生产用地标准的高低是衡量他们能否稳得住、保证生产生活水平不低于搬迁前的重要指标，是移民群体最关注的一个标准。上述的人均划地指标，是设计单位通过对库区、安置区生产资料投入产出的分析结果，是通过国家行政许可部门批准的一个标准，因此在实施阶段，河南省不折不扣地进行了执行。同时结合库区移民收入相对多元化的特点和安置后仅依靠种植业单一收入的实际，河南省规定按照农业安置人口人均 0.05 亩的标准，给移民增加划拨一些生产用地，用于移民村作养殖园区，以增加移民的收入来源。制定的这些生产划地标准，得到了移民群众的认可，从实践效果看，目前还没有一起移民因为生产用地标准偏低而上访的。当然在调整生产用地时，为尽量减少对当地居民的影响，规定对人均耕地不大于 2.0 亩的，调出的耕地比例原则上不高于 10%；对人均耕地大于 2.0 亩的，调出的耕地比例原则上不高于 20%。

在生活安置方面，河南省按照国家批复的初设标准，结合河南省实际，对部分安置标准进行了适当调整，如人均生活用电由初设的每人 300 瓦提高到每户 2 千瓦、600 人以下（含 600 人）的居民点对外道路路面宽由 3.5 米提高到 4.5 米、居民点内排水由雨污合流制调整为雨污分流制等。提高的这些标准，就是在兼顾移民投资控制的前提下，结合了新农村建设的要求和移民群众的实际需求，尤其是在移民新村推行雨污分流制的做法，堪称及早动手、超前谋划的经典策略。当时国家尚未开展移民新村的环境保护规划设计工作，省移民安置指挥部从打造社会主义新农村的示范村、文明村出发，为给移民群众营造一个干净整洁、环境优美的居住环境，提出自筹资金，对第一、二批移民新村按照雨污分流进行了规划设计，今年河南省第二批移民新村正在建设时，国家才批复了移民新村的环境保护规划和资金，提出实行雨污合流，并要求对实行雨污合流的移民村进行改造。因此，河南省的政策比国家批复的早了将近一年的时间，不仅在安置实施上赢得了时间、掌握了主动，还节省了 4 200 余万元的改造投资，再一次证明了河南省在移民安置上，超前谋划，一切为了移民、一切服务移民的规划设计理念。

三、成功经验

南水北调丹江口库区移民迁安时间紧、难度大,强度前所未有,尤其是搬迁的16.2万库区移民,大部分曾经历过20世纪50~70年代的初期工程搬迁,部分移民群众对搬迁安置一直顾虑重重,特别是近几年发生的几例水利水电工程移民的极端事件(四川瀑布沟移民事件、云南绥江向家坝移民事件等),凸显当前社会正处于因征地拆迁工作带来的矛盾高发期。面对各种挑战和考验,面对号称"天下第一难"的移民迁安工作,河南省能够顺利破解难题,从而实现平安搬迁、文明搬迁、和谐搬迁。在规划设计阶段,主要有以下几点经验。

(一)坚持尊重移民群众的意愿

在总体部署上,省委、省政府充分体谅移民心情,顺应移民意愿,果断做出了库区移民"四年任务、两年完成"的重大决策。宁愿党和政府多一份压力、多一份负担,各级移民干部多一份艰辛和付出,也要确保移民群众早搬迁、早安居、早发展。在规划阶段,无论是安置点的对接、还是移民房屋户型的选择,乃至移民新村平面布局的确认,每个关键环节都充分征求移民群众意见,并吸纳移民的合理意见,尊重大多数移民群众的意愿,取得了良好的效果。

(二)坚持科学规划

从前期工作开始,就坚持按照以人为本的理念来协调设计部门编制移民规划,采取了整建制搬迁的安置方案,不搞插花安置,使移民群众容易接受。同时,坚持农村移民全部实行大农业安置的思路,确保每个移民都有一份口粮田,真正解除移民群众的后顾之忧,使移民群众搬迁后安居乐业,共享南水北调工程建设的伟大成果。

在生产安置规划上,突出三个"为本":以人为本、以土为本、以农为本,把移民的生产用地全部纳入国土厅土地整理的范围,确保建成"田成方、树成行、水疏通、路成网"的吨粮田,确保移民长治久安。从安置效果来看,规划的208个移民安置点区位优越、土地肥沃、交通便利,都是发展的好地方。如临颍县周湾村支书周光吾种了5亩麦椒套,小麦一季每亩收800斤,辣椒每亩收入4 500元,合计年收入达2.3万元。

在居民点选择上,坚持"三边"原则,使居民点靠近主要公路边、城集镇边、产业聚集区边,使移民的生产生活条件达到交通便利、耕作条件较好,既方便了移民生活,又为移民发家致富创造了条件。

在户型选择方面,省移民安置指挥部会同省住房建设厅,专门给省管勘察设计单位下发文件,广泛征集美观实用的230套户型设计方案,经专家论证后精选出了46个获奖设计方案编印成册,发放到每个市县和移民村,让移民群众精挑细选、优中选优。

(三)坚持功能配套

按照"高起点规划、高标准建设"的原则,为移民规划了"功能齐全、服务一流、质量优良"的新家园;移民新村内学校、幼儿园、村部、超市、卫生室、警务室、党员活动室一应俱全;自来水、污水处理装置、垃圾中转站、广播电视、通信、文化广场、绿地花园、体育健身等基础设施完善;基本做到了"小病不出村,小学就地上,日常用品本村买",为移民营造了较为舒适的人居环境。

（四）强化对口帮扶

为保证库区移民“四年任务、两年完成”目标的顺利实现，省委、省政府提出举全省之力支持丹江口库区的移民工作，成立了由省委副书记任政委、主管副省长任指挥长、6个省辖市主管副市长、36个省直单位的主要负责同志任成员的省级移民安置指挥部，其规格之高，是河南省历史上任何重点工程建设所没有的。省委、省政府〔2009〕114号文件明确了省直36个相关单位的职责，如国土厅负责将移民生产用地全部纳入土地整治范围，水利厅负责将移民村人畜饮水纳入安全用水计划，教育厅负责将移民学校建设纳入校安工程，交通运输厅按移民村对外道路每千米10万元进行建设补助，并免除移民搬迁的路桥通行费等。在省直单位实行包县（市、区）工作队制度，25个省直厅局各由一名副厅级干部带队组成包县工作组，分包有移民迁安任务的25个县（市、区），工作组成员与原单位脱钩，一包到底，直至移民安置任务结束，省移民安置指挥部负责对各包县工作组履职尽责情况进行跟踪督察，年终组织考核。移民迁安任务最重的南阳市，也参照河南省的做法，由55个市直单位成立了55个包乡（镇）工作组，同时从市直单位抽调80名科级干部，到有移民迁安任务的乡（镇）挂职。其他省辖市也根据各自情况，成立了相应的机构，为大规模移民搬迁安置提供了高效的组织保障。

当然，我国现有的国情，决定了对水利水电工程移民实行的是“前期补偿补助、后期扶持”的政策。这就决定了在移民安置中，先实行的是补偿补助，而不是赔偿，再加上所依据的政策带有滞后性，甚至国家相关行业主管单位各自政策存在的“打架”现象，在某些方面也造成了规划标准不符合目前实际的状况。在丹江口库区的前期规划中，也或多或少地存在一些问题，如坟墓、零星树、渔船渔具等部分实物的补偿标准偏低，建设用地手续办理所需要的勘界费、征地手续费等行政性收费、移民迁移手续、证件等的办理费等没有在概算中计列。这些问题的存在，大多都是政策性因素造成的，也是水利水电工程建设征地工作中普遍存在的一个现象，已经严重制约了移民工作的顺利进行。虽然经过各级移民机构的政策宣传解释，使问题得到了解决，但它所损害的，是国家政策在移民群众中的威信力和执行力。

第二十章　主要做法和体会

南水北调丹江口库区移民迁安时间紧、难度大,强度前所未有,尤其是搬迁的16.2万库区移民,大部分曾经历过20世纪50~70年代的初期工程搬迁,部分移民群众对搬迁安置一直顾虑重重,特别是目前正处于社会矛盾凸显期,容易引发因征迁带来的极端事件。面对各种挑战和考验,面对号称"天下第一难"的移民迁安工作,能够顺利破解难题,实现平安搬迁、文明搬迁、和谐搬迁,省移民安置指挥部办公室采取了许多有效的措施,积累了一定的经验,得到了各级各部门和社会各界的赞誉和好评。

第一节　主要做法

南水北调中线工程建设,成在水质,重在工程,难在移民。移民安置工作的成效,事关中线工程建设的成败,事关库区群众的切身利益,事关社会大局的稳定。在移民人数多、安置任务重、搬迁时间紧、质量要求高的情况下,省委、省政府高度重视,举全省之力,汇集各方力量,整合八方资源,加强组织领导,广泛宣传发动,制定政策法规,完善工作机制,强化督促检查,精心组织实施,保证了库区移民安置工作的顺利进行,圆满完成了各阶段的目标任务。

一、狠抓组织领导,坚持大员上阵

省委、省政府始终把做好丹江口库区移民工作作为一项重要的政治任务和为全省人民办好的十件大事之一,摆上重要日程,提上重要位置。各级党委、政府积极响应省委、省政府的号召,站在讲政治、讲大局的高度,把移民工作作为贯彻落实科学发展观、检验执政能力和水平的重要标准,切实加强对移民迁安的领导和组织协调。省委、省政府组建了由省长任组长的南水北调中线工程建设领导小组,由省委副书记任政委、分管副省长任指挥长的移民安置指挥部,并从省直有关部门抽调人员组建了指挥部办公室,统一调度、集中办公。各有关市、县也都成立了高规格的领导小组和指挥部,实行准战时体制,为移民迁安提供了组织保证。省委书记卢展工、省长郭庚茂、省委副书记叶冬松和省委、省人大、省政府、省政协、省军区其他主要领导对于移民工作高度重视,重大问题,亲自调研,亲自部署。各级各部门的主要领导也都坚持亲临一线,部署安排、督察检查。南阳市和淅川县不但承担着库区全部移民的迁出任务,而且还承担着繁重的安置任务,各级党委、政府把移民迁安当作头等大事,动员各方力量,全社会参与,全方位保障。平顶山、新乡、郑州、漯河、许昌市也把移民迁安当作自己的大事给予安排部署。各安置县(市、区)也结合各地实际,强化领导,倾力支持。在库区和移民安置区,不论是市委书记、市长,还是县(市、区)委书记、县(市、区)长,对移民工作都非常深入、非常熟悉,谈起工作如数家珍。在全省,南水北调移民安置工作一直是各地积极主动、倾力参与的"一号工程",一直是各级主要领导普遍关心、时刻关注的“一把手工程”，一直是一些地方政府严明纪律、严格奖惩的“一票否决工程”。

二、狠抓宣传发动，坚持政策引导

在移民搬迁安置过程中，河南省始终对宣传工作非常重视。省委、省政府先后隆重召开“南水北调丹江口库区移民安置动员大会”等一系列会议，对移民新村建设和搬迁安置工作进行宣传动员、安排部署。先后在《河南日报》、《大河报》专版刊登《南水北调中线工程在河南答记者问》《正确把握和处理丹江口库区移民安置工作中若干重大关系》等文章，全方位宣传南水北调工程建设和移民安置政策，努力营造全省上下重视、关心、支持和积极参与移民安置的良好氛围。同时，各地也精心策划宣传方案，积极组织新闻单位，充分利用报纸、电视、广播、网络、宣传车、标语等载体，采取群众喜闻乐见的宣传方式和艺术形式，因地制宜、因人而异，有步骤、有重点、分层次地开展舆论宣传工作，努力把工作做在前、做上门、做到家、做到位，使广大干群对国家重点工程建设有更加深刻的认识，对移民工作的目的、意义、政策措施做到家喻户晓、人人皆知，形成充分理解工程建设、主动支持工程建设、积极服从国家安排、自觉服务移民群众的良好氛围。

三、狠抓制度建设，坚持规范管理

根据国家有关法律法规，结合河南省实际，在充分调研、广征意见的基础上，省里先后制定了《河南省南水北调丹江口库区移民安置实施办法》，以及移民安置计划管理、建设项目管理、资金管理、督察、奖惩等办法，并相继出台了移民新村质量安全、建房分户及缺口资金收缴、公益设施建设、移民户型选择、移民新村建设招标投标等有关规定，形成了比较完善的制度管理体系，做到了用制度管事、管人、管权，有效规范了移民安置实施、监督检查、计划管理、建设管理等各项工作，促进了移民工作健康有序地开展。

四、狠抓资源整合，坚持政策帮扶

为搞好丹江口库区移民安置，在号召移民群众依靠自己的聪明才智、自力更生、勤奋创业的同时，省委、省政府先后出台了《关于南水北调工程丹江口水库移民安置优惠政策的通知》、《关于进一步推进南水北调中线工程丹江口库区移民新村建设的意见》等一系列优惠帮扶政策，对移民搬迁安置实行全方位倾斜，把移民资金同各项支农、惠农资金和城镇建设资金捆绑使用，力争把移民新村建设成为社会主义新农村示范村。为了确保丹江口库区移民“四年任务、两年完成”，省委、省政府制订出台了《河南省南水北调丹江口库区移民安置实施方案》，明确了移民新村建设、生产发展、就业创业、政策对接、精神文明建设和加大库区帮扶力度等6个方面的扶持措施，涉及36个省直部门，直接支持移民和对所在县（市、区）倾斜支持资金达58.92亿元，其中直接帮扶移民资金20.92亿元。如：财政厅为每个移民新村基础设施建设安排资金50万元，并按迁安移民人数每人200元的标准在迁安两地分别计列工作经费；农业厅一次拿出农业结构调整资金750万元，并将移民沼气池全部纳入补助；国土厅把移民生产用地纳入土地整理范围；教育厅把移民学校建设全部纳入校安工程和维修工程补助范围；交通厅为移民村对外连接路每千米补助

10 万元,并免除移民搬迁路桥通行费;水利厅把移民村纳入安全用水和农田水利配套范围;卫生厅为每个移民村卫生室建设补助 5 万元;林业厅为每个移民村安排绿化资金 5 万元;体育局为每个移民村安排体育设施资金 5 万元;人社厅统筹安排移民就业培训等。各有关市、县也都为安置好库区移民拿出了真金白银。比如,郑州市按照市区土地每亩奖补 1.5 万元、县区土地每亩补差 7 000 元的标准拿出 9.8 亿元,解决移民迁安用地与市场征地补偿的差额,按照每村 300 万元的标准对 22 个移民新村进行补贴和配套;平顶山市、县财政拿出 2 500 万元,按照每户 8 000 元的标准奖补库区移民群众建房;南阳市在各县(市、区)奖补的基础上,从市财政拿出 3 亿元用于奖补移民新村建设和生产发展。

五、狠抓关键环节,坚持统筹兼顾

在移民工作中,各级各部门注意突出工作重点,狠抓关键环节,促进移民工作的顺利开展。狠抓移民安置对接,确保新村建设真正启动;狠抓新址征地和"三通一平",为全面启动房屋建设创造条件;狠抓房屋建设,确保质量和安全;狠抓基础设施和公益设施建设,确保新村功能完善;狠抓生产安置,确保移民尽快从生产发展中受益。各地按照省委、省政府的要求,紧紧围绕移民工作目标和上述五个关键环节,制订计划,倒排工期,采取有力措施,克服重重困难,确保了各阶段移民任务的按时完成,掀起了一个又一个移民安置工作新高潮。在移民住房建设进入扫尾阶段时,及早谋划,认真筹划并制订了统一的移民搬迁实施方案,从指导思想、基本原则、方法步骤、职责分工、时间安排、搬迁路线选择以及各项保障措施等提出了明确要求,确保实现移民"不漏、不掉、不伤、不亡一人"的集中搬迁目标。

六、狠抓质量管理,坚持质量第一

在移民新村建设过程中,高度重视移民新村建设质量管理,始终坚持质量第一、进度服从质量的原则,全力推进移民新村建设。一是牢固树立质量第一、百年大计、群众利益无小事的观念,把建设质量真正摆在首要位置、作为重中之重来抓。二是严格按照《河南省南水北调丹江口库区移民新村建设工程质量和施工安全管理办法》的有关规定,强化"政府监督、中介监理、企业自控、移民参与"四位一体的监管体系。三是严把施工过程中的"六关",即:严把招标投标关,要求招标投标的工程必须实现招标投标;严把市场准入关,不合格的施工和监理单位坚决不能入场;严把材料关,不能让不合格的材料进场;严把施工工序关,上道工序不合格,不能进入下道工序;严把监测检验关,该检的程序必须检验,不能不检、漏检、错检;严把竣工验收关,不合格工程不得竣工验收。四是严格实行质量责任追究制。明确党委、政府要对移民新村建设质量安全负总责,主要领导为移民新村建设质量安全第一责任人。强化质量管理,落实安全责任,对于建设过程中违规违法行为的责任人,要严肃纪律,严格查处。对于屡屡出现质量问题的企业和机构,依法予以处罚,情节严重的依法清出市场。

七、狠抓督促检查,坚持奖惩严明

在全面安排好移民安置工作的基础上,把信息报送、督导检查、奖优罚劣作为搞好移民安置工作的一项重要措施来抓，产生了明显的效果。制定完善了有关督促检查办法和奖惩办法，为督促检查和奖惩提供政策依据，使督促检查和奖惩措施规范化、制度化。根据督促检查办法和奖惩办法，省移民安置指挥部多次组织有关人员定期不定期地对全省移民安置工作进度、建房质量、项目管理、资金管理、优惠政策落实等进行检查，并根据检查结果，逐项打分，排定名次。根据检查评比结果，对先进单位大张旗鼓地实行重奖，对落后单位进行通报批评。通过一月一督察、一月一通报、一月一评比，形成了你追我赶、争当先进的良好局面。制定了移民建房搬迁奖励政策，对于按时完成建房和搬迁的移民，每人奖励 2 000 元，促使移民积极建房、主动搬迁。

八、狠抓部门协作，坚持合力攻坚

自从丹江口库区移民工作开展以来，特别是试点移民工作进入关键时期，40 个省直部门参加了河南省丹江口库区移民安置指挥部，分工协作，密切配合；25 个省直部门成立包县工作组，一名实职副厅级干部亲自带队，150 多名队员与原单位工作脱钩，常驻移民迁安市(县)开展工作，移民搬迁安置工作不结束不撤回；28 名从省直部门抽调的工作人员在省移民安置指挥部办公室集中办公，承担起全省丹江口库区移民迁安工作的协调组织、督促检查和日常服务任务；6 个省辖市 25 个县(市、区)从各单位抽调精兵强将，组成移民工作组，进村入户，全力帮扶；迁安双方互派工作组，互派联络员，迁安任务重的乡(镇)还互派干部到对方任职；建设、设计、施工、工程监理和移民监督评估单位各负其责，齐心协力。特别是在移民搬迁过程中，省里明确了各市、县和省直各部门的职责分工，每批次都有各级移民安置指挥部的精心部署、统筹安排，都有各级移民干部和各部门工作人员的现场协调和跟踪保障。卫生部门专门组织医疗救护车队和医护人员，携带救急药品和器械，为移民群众提供医疗卫生服务；公安、交警人员坚守岗位，日夜保障移民生命财产安全，保障交通通畅；电力部门组建移民搬迁服务队，投入应急发电设备，确保移民搬迁用电安全；交通运输部门为移民开辟“绿色通道”，免除移民搬迁路桥通行费，同时积极开展优质服务活动，在搬迁车队休息的服务区，为移民免费分送面包、茶水、火腿肠等食品；气象部门随时发布天气预报；教育、民政、林业等部门及时办理有关手续。各级各部门都做到了一切服务于移民、一切让路于移民、一切为移民提供周到服务，特事特办，急事急办，从不讲条件、讲价钱。在全省形成了纵向一致、横向同心、合力攻坚的浓厚氛围和锐气、正气。搞好移民安置、服务好移民搬迁成为各级各部门以及广大群众的共识和大局。

第二节　主要体会

水库移民系非自愿移民，移民迁安号称天下第一难。河南省丹江口库区移民迁安工作的顺利实施，充分体现了社会主义体制机制的优越性，体现了河南省委、省政府举全省之力支持移民安置工作的信心和决心，体现了各级各部门对国家、对人民、对历史高度负责的精神境界。回顾总结河南省丹江口库区移民安置工作，主要有以下几点经验和体会。

一、领导重视是根本

任何一项工作，离不开领导的重视和支持。移民安置是一项难度很大的综合性工作，只有领导高度重视，才能自上而下达成共识、形成合力，才能摆上重要议事日程、营造浓厚政治环境，才能广泛动员各方力量、有机整合各方资源、充分调动各方积极性，保障移民安置工作高效有序地开展。从河南省丹江口库区移民迁安工作的实践来看，上至省委书记、省长，下至乡长、镇长，都对移民工作非常重视，都真正地把移民工作当成了政治任务、中心工作来抓，都真正地把移民工作列入了“一号工程”“一把手工程”“一票否决工程”。多数地方，不论是市委书记、市长，还是县（市、区）委书记、县（市、区）长，对移民工作都非常熟悉、非常了解，谈起工作如数家珍，起到了标杆和示范带头作用。正是各级领导的高度重视，才使得全省丹江口库区移民迁安工作，由部门行为转变为政府行为，又由政府行为转变为社会行为，使移民迁安工作快速而又健康有序地向前开展。

二、以人为本是核心

完成好移民安置、维护好移民群众利益是工程顺利建设和社会和谐稳定的前提条件，是关注民生、以人为本的具体体现。在移民迁安过程中，坚持以人为本，把全局需要和群众现实利益结合起来，既引导群众着眼长远、顾全大局，发扬无私奉献精神，又带着深厚感情做细工作，了解和尊重群众意愿与合理诉求，切实解决群众的实际困难和问题，切实保护好群众的合法权益。在移民安置对接时，积极组织迁安代表参加，充分听取移民意见；在政策宣传上，组织各级各部门分包到组、到户、到人，宣传政策，让农户明白拆迁范围、补偿标准、安置办法、奖励政策，让移民体会到党和国家的关心；在新村建设上，按照“高起点规划，高标准建设”的原则，扎实组织移民新居建设，完善基础设施，建好公益设施，为搬迁移民营造功能配套、使用方便、较为舒适的人居环境；在质量控制上，让移民代表参与，充分发挥移民的监督作用；在搬迁过程中，制订详细的工作预案和操作流程，提供周到的、人性化服务，做到平安搬迁；在移民搬迁后，组织开展“一对一帮扶”，及时解决移民生产生活中的困难和问题。同时高度关注移民群众的长远发展问题，积极推进开发式移民，组织开展多种形式的技能培训，提供就业援助，努力使移民“搬得出、稳得住、能发展、可致富”。以人为本、亲情操作，得到了移民的拥护和称赞，促进了移民工作的顺利开展。

三、科学规划是前提

科学编制规划是搞好移民安置的基础。在确定移民安置方案和编制实施规划时，始终坚持以人为本、实事求是、科学发展的原则，确保规划可行可靠。在安置方案确定上，突出以土为本，以农为本，确保移民长治久安；在居民点选择上，坚持“三边”原则，使居民点尽量靠近国道边、城镇边、工业集聚区边，方便移民生产生活，为致富发展创造条件；在生产用地规划上，严格执行人均水地 1.05 亩或旱地 1.4 亩的标准，安排土地整理，兴修农田水利，改善生产条件，增加粮食产量，确保移民粮食生产自给有余；在基础设施建设上，对交通、电力、供水方案等进行详细勘察设计，反复论证，保证移民安置方案可行可靠；在户型设计上，按照新农村建设的标准，组织专家为移民设计了几十种优美户型，供移民选择。

从全省规划的 208 个移民安置点看，其土地条件、交通条件、水利条件，以及地区经济发展水平都比较好，具有一定的区位优势和发展优势。

四、督察奖惩是动力

只有建立起严格的监督检查机制，才能使各级各有关部门切实增强工作的责任感、紧迫感，才能有如临深渊、如履薄冰的危机感、压力感。只有建立必备的激励机制，让表现好的移民经济上得实惠、精神上得抚慰，让干得好的移民干部政治上有地位、工作上有关心，才能在各地形成你争我赶、明争暗赛的工作局面，才能充分调动移民早搬迁、早安置、早发展、早致富的主动性和积极性，才能为移民安置工作注入源源不断、永续不竭的生机与活力。为推动移民迁安工作的顺利进行，河南省先后制定完善了安置对接、新村建设、搬迁组织、质量监管、督察奖惩、沟通协调等一系列工作机制，促进了移民迁安工作的顺利开展。省移民安置指挥部坚持把督导检查、奖优罚劣作为促进工作的重要抓手，制定和完善了有关督促检查办法和奖惩办法，坚持一月一督察、一月一通报、一月一评比，对先进单位大张旗鼓地实行重奖，对落后单位不留情面地点名批评，促使各地形成了你追我赶、明争暗赛的良好氛围。通过督导检查、兑现奖惩，使一些后进县（市）奋起直追、迎头赶上，甚至后来居上、走在前列。从试点移民到第一批移民，从第一批移民到第二批移民，每月都要搞一次互督互查，每一阶段都要召开一次转段动员大会。同时，对重大问题或久拖不决的问题，向党委、政府一把手发督办函，让一把手督办催办。通过全方位、高密次的督察，解决了问题，促进了工作，取得了实效。

五、干部努力是关键

移民安置工作政策性、系统性、社会性、敏感性、群众性都很强。我们能够取得今天的成效，正是有一支政治强、业务精、勤奋敬业、熟悉基层，关键时刻能够拉得出、冲得上、打得赢的干部队伍，起到了关键作用。他们与移民群众同吃同住同劳动，风餐露宿，日夜兼程，哪里有困难，哪里有矛盾，哪里有需要，哪里就有他们的身影。他们有的累倒在施工场地，仍坚持边输液，边指挥；有的强忍着病痛的折磨，直到病情加重，无法正常行走，才被身边人员和家人强迫拉进医院进行紧急治疗，治疗过程中仍时刻忘不了搬迁的移民群众。他们有的顶着压力和误解，忍着委屈，在遭到部分群众围攻的情况下，仍无怨无悔，耐心细致地劝解引导，和移民群众促膝谈心交朋友，用真心真情感化群众、引导群众，赢得群众的理解、支持和信任，推动工作开展。在整个移民安置过程中，广大移民干部视移民如亲人，心往一处想、劲往一处使，想移民之所想，急移民之所急，办移民之所需，涌现出了许多勤奋敬业、一心为民的好干部，涌现出了许多令人感动、可歌可泣的先进事迹。如：南阳市移民局长王玉献头部受伤还未拆线、输着液体仍坚持在工作第一线。库区大石桥乡乡长向晓丽，在动员移民群众搬迁安置时，被多次谩骂围攻，但她不气馁、不退缩，继续坚持战斗。荥阳市市长袁三军，得了重感冒而不休息，在移民搬迁当天，坚持一天一夜指挥干部帮移民搬家具，群众都搬到了新居，自己却累倒了被干部送到医院。淅川移民局局长冀建成，父亲病重住院，近在咫尺，顾不上探望。张湾移民村村支书张战芳，祖坟被挖，窗玻璃被砸，仍无怨无悔战斗在移民工作第一线。淅川县机关党委副书记、包村干部马有志，把毕生心血和智慧投入到促进库区发展、服务移民亲人的伟大事业当中，最终因劳累过度而牺牲。

六、宣传发动是保障

在移民迁安过程中，河南省高度重视政策宣传和舆论教育，始终把宣传工作放在重要位置，充分利用广播、电视、报纸、网络等媒体，向库区移民群众及社会各界广泛宣传南水北调工程建设的伟大意义、对全省经济社会发展的重要作用及给移民群众生产生活带来的实际好处，把有关征地补偿标准和各项安置政策等进行详细公示，为移民工作提供了有力的舆论氛围保障。省内各主流媒体经常深入迁安两地，系统采访，发掘亮点，跟踪报道；《河南日报》等媒体还开辟专栏，集中宣传阶段性工作和先进典型，全方位宣传移民安置政策。通过大张旗鼓地宣传南水北调工程建设的伟大意义，宣传移民搬迁的目的和作用，宣传移民群众“为大家、舍小家”的奉献精神，宣传移民安置政策措施，才能使广大干群了解工程建设的深远历史意义和重大现实意义，了解移民搬迁安置的重要性、艰巨性、紧迫性，明白“早晚都得搬，晚搬不如早搬，早搬早受益，早搬早发展”，“移民搬迁既是为国做贡献，也是为己谋长远”，“移民为国做贡献，我为移民搞服务”的道理，才能在全社会营造共同关心移民安置、自觉主动移民搬迁的浓厚氛围，才能促进移民工作的顺利开展。